SCIENTIFIC RESEARCH STORIES ON ENVIRONMENTAL GEOSCIENCES

环境地学科研故事

——发现问题 认识问题 解决问题

张信宝 著

四川科学技术出版社

·成都·

图书在版编目(CIP)数据

环境地学科研故事:发现问题 认识问题 解决问题/张信宝著. —成都:四川科学技术出版社,2017.7(2025.1重印)

ISBN 978 - 7 - 5364 - 8732 - 1

Ⅰ.①环… Ⅱ.①张… Ⅲ.①环境地学 - 研究 Ⅳ.①X14

中国版本图书馆 CIP 数据核字(2017)第 166628 号

环境地学科研故事
——发现问题 认识问题 解决问题

出 品 人	钱丹凝
著 者	张信宝
责任编辑	任维丽
营销策划	程东宇 李 卫
封面设计	张滟滟
责任出版	欧晓春
出版发行	四川科学技术出版社
	成都市锦江区三色路 238 号 邮政编码 610023
	官方微博 http://weibo.com/sckjcbs
	官方微信公众号 sckjcbs
	传真 028 - 86361756
成品尺寸	148 mm × 210 mm
	印张 8.875 字数 200 千
印 刷	天津旭丰源印刷有限公司
版 次	2017 年 7 月第 1 版
印 次	2025 年 1 月第 3 次印刷
定 价	49.80 元

ISBN 978 - 7 - 5364 - 8732 - 1

内容简介

  本书是作者从事山地灾害、山地生态环境和水土保持研究 40 余年的历史回顾，以 131 个环境地学科研故事这种独特的形式展现在读者面前。

  作者以亲身的践行，阐明了如何在滑坡、土流、泥石流，核示踪与侵蚀泥沙，水土保持与生态修复，西南喀斯特和地貌演化等环境地学的科研工作中敏锐地发现问题，深刻地认识问题，切合实际地解决问题的过程，以期启迪大学生、研究生和青年学者的思维。通过这些故事发生的环境背景和作者大学毕业后的人生经历，让读者对祖国的过去和他们这一代知识分子有更深刻的了解。

作者简介

张信宝,男,1946 年 1 月出生于江苏省镇江市,1967 年毕业于南京大学地质系,中国科学院水利部成都山地灾害与环境研究所研究员,博士生导师,所长顾问,四川省学术与技术带头人,1992 年起享受国务院特殊津贴。长期从事山地灾害、山地生态环境和水土保持研究,先后主持"七五""八五""九五"和"十五"期间的国家科技攻关计划、国家重点基础研究发展计划(973 计划)、国家自然科学基金和国际原子能委员会等科研项目 20 余项。尤其是在运用 ^{137}Cs 法测定土壤侵蚀速率与泥沙来源和喀斯特地下漏失等方面取得了突出成绩,在国内外享有较高声誉,曾任国际大陆侵蚀委员会副主席(2007—2015 年),荣获 2022 年世界水土保持协会诺曼·哈德森奖(NORMAN HUDSON MEMORIAL AWARD)。

主编与合编专著 4 部,发表学术论文 200 余篇,其中科学引文索引(SCI)收录论文 30 余篇。曾获省部级科技进步奖一等奖三项,二等奖一项;中国科学院自然科学奖三等奖一项。

自　序

　　我于 2011 年退休,回首 40 余年的科研工作,"东洋西洋,执着中华;黄土红土,潇洒人生"。涉足的地域广:黄土高原,青藏高原,云贵高原,横断山地,干热河谷,四川盆地,三峡库区;领域宽:滑坡泥石流,核示踪,土壤侵蚀,河流泥沙,地貌演化,喀斯特,生态环境和水土保持等。除 1983—1986 年期间在新西兰森林研究所从事土流研究外,后来我还云游了五大洲的 20 余个国家和地区。如老所长吴积善研究员所云,"你是猴子掰苞谷,掰一个,丢一个,成不了大器";当然,他也说过,"你干一行,像一行"。也如一些年轻的朋友所云,我是一个"科研侠客",不谙世事,过于潇洒,没有想到过要成"大器",未能专注于一个领域,成为"大家"。除 20 世纪 90年代初的《大盈江流域泥石流》一书外,后来也没有主著过其他专著。

　　2010 年,我在移居美国的外甥女处小住了几天,和她谈及了我退休后的余生。她说,"你何不将几十年的科研工作,用故事的形式写出来,有益于后人,也是一件趣事"。回来后,我和我的一些朋友聊过此事,他们都一致赞成并极力鼓动。退下来,静心回味自己几十年来的科研历程,把一个个科研故事记录下来,也未尝不是一件乐事。2011 年春节休假期间,开始动笔,本打算当年完稿出版,但刚刚退休,红尘未了,一些凡事无法脱身,无暇顾及写书,未能如愿完稿。虽然"凡事"不断,但"故事"不能再拖,2012 年终于完成初稿,2013 年 5 月修改脱稿,取名《100 个科研故事——发现

问题 认识问题 解决问题》。

该书分滑坡、土流、泥石流，核示踪与侵蚀泥沙，水土保持与生态修复，西南喀斯特和地貌演化五篇，共 103 个故事。每一个故事500～1500 字，长短不一，旨在阐明"发现问题，认识问题和解决问题"的过程，以期启迪大学生、研究生和青年学者的思维。我是"无悔的一代"中的一员，伴随着中华人民共和国的每一步脚印，度过了我的丰茂年华。通过这些故事发生的环境背景和我大学毕业后的人生经历，读者也许对中华人民共和国的过去和我们这一代知识分子有更深刻的了解。

该书出版后受到老、中、青学界同行的热烈欢迎，对青年学者开拓思路帮助尤大，好评不断。傅伯杰院士说，"这是我研究生的必读书"。南师大地理学院院长汤国安教授说，"此书值得每一个地理学生学习，我想让南师大地理学院每一个学生好好读读"。我年逾古稀，左眼失去视力，本决意"金盆洗手"。刘丛强院士等不少学界同行希望我能续写故事，我都婉言谢绝。2016 年，我对"晋陕蒙接壤区砒砂岩与鄂尔多斯地台油气与铀矿藏的关系"和"金沙江水系演化"等问题有了一些新认识，感到应该把这些认识写出来留给后人。但撰写文章发表，已力不从心，遂萌生了续写故事的念头，业内好友均说"应该、应该，好事要做到底"，成都山地所领导暨科普处也大力支持，同意资助出版。鉴于该书内容专业性较强，四川科学技术出版社任维丽编辑与笔者商定，书名改为《环境地学科研故事——发现问题 认识问题 解决问题》。该书续写了 20 余个故事，并对原书中的个别故事进行了修改。

目 录

一、滑坡　土流　泥石流

（一）古滑坡古泥石流

1. 站错队，被分配到大西南搞泥石流

从小学到中学，我一直是一个"落后"生，没有戴过红领巾，也没有打过加入中国共产主义青年团的报告，但受"精忠报国""天下兴亡，匹夫有责"等传统文化的影响，爱国的观念还是蛮强的。20世纪60年代，中苏关系破裂。周总理1961年从莫斯科回国，毛泽东、刘少奇和朱德等党和国家领导人到机场迎接，周总理在机场讲话中说："不要做亲者痛，仇者快的事"，给我留下了深刻的印象。受苏联停止向中国出口石油，我的家乡江苏省镇江市的公共汽车没有汽油戴气帽子的刺激，我决心学地质为祖国找石油，1962年高中毕业报考大学，南京大学（简称南大）地质系是我的第一志愿。我的高中毕业评语很差，"学习尚努力，政治思想不要求进步……"当时，有这样评语的学生一般不被大学录取，当然老师也不会关心我的志愿。老母目不识丁，她也不想我考取大学，如果我上了大学，没有人帮她打大饼，家庭生活难以维持，我也没有和她商量考大学填志愿的事。谁也没有想到，我能考上大学，直到1966年，南大地质系团总支书记周维高才向我透露了秘密。他当时负责南大的江苏省招生工作，看了我的材料，成绩可以，出身一般，但政治评语太差，这种考生当时一般不予录取。他是镇江人，又仔细看了我

1

的材料，"一个16岁的孩子懂什么政治？这个孩子爱劳动，爱劳动的孩子一般不错"。就这样，我被录取了。

　　大学期间，我还是一个连入团报告都没有打的"落后"分子，因喜欢独立思考问题，招来了一些麻烦事。1965年批判吴晗的《海瑞罢官》，我不同意《光明日报》一篇清官比贪官坏的文章的观点，给报社写了一封信。不久后的一天，马列主义教研室的一位老师找到我，说："我受匡亚明校长之托，找你谈话。"他问了我写信的事，我如实回答了。他没有说对，也没有说错，只说了"你们年轻学生不懂事"之类的一通话。我听得出，言下之意是要我今后不要再干这种事了，当时心里也明白，是匡校长保护了我！我是一个"落后"分子，"文化大革命"初期理所当然地成了造反派，1966年7月就参加了南大"8·27"的地质系东风大队，和"资产阶级反动路线"作坚决斗争！《红旗》杂志10月社论，承认了中央前一阶段犯了方向性和路线性错误，支持造反派的革命行动。南大"8·27"得理不饶人，冲击占领了南大保守派组织"红旗战斗队"的队部，我也参加了这次"革命"行动。冲进去后，见到对方是我的同学，我困惑了，我怎么能打自己的同学？又看到墙上"本是同根生，相煎何太急"的标语，我待不住了，退了出来，回到寝舍。第二天，红旗战斗队在校门口搭了一个草棚队部，我深受"感动"。过去我们造反派要大民主，保守派压我们；现在保守派承认错了，我们不能反过来压人家。激动之下，我以"8·27"一兵的名义，写了一张支持红旗战斗队草棚队部的大字报。第二天，地质系"8·27"的头头找到我，要我收回大字报，我不干，就这样被"8·27"开除了。我后来又参加了一个中间派的小组织"红岩公社"，慢慢地成了逍遥派。周维高老师没有参加造反派和保守派，我们聊过几次，谈了对"文化大革命"的一些看法，他也向我透露了我被录取的"秘密"。后来，地质系批斗周维高，系革委会的头头×××找我谈话，要我揭发

"周维高如何引诱青年学生背叛'8·27'的",并说"如不揭发,要影响你的毕业分配"。我当然没有"揭发",回道:"一人做事一人当,与他无关。"周老师后来下放到南大溧阳农场,我1968年毕业后写信给他,他没有回信。"文化大革命"后我们又见了面,他说:"我当时是重点审查对象,回信要给你添麻烦"。他后来当了××省体委主任和统战部部长。

1968年分配工作时,政治条件第一,主要看出身和社会关系。我们班13个人,分配到中国科学院的有6人(北京地质所5人,北京地理所西南分所即中国科学院水利部成都山地灾害与环境研究所前身1人),石油部7人,我家庭出身和社会关系没问题,被分配到中国科学院。我不是造反派,没有"坚定地站在毛主席革命路线一边",被分配到北京地理所西南分所。负责分配的刘英俊老师找我谈话,征求我对分配的意见,我还是念念不忘找石油,要求分配到油田。他说,"大西南三线建设遇到泥石流问题,需要地质人才"。"国家的需要就是我的志愿",我只能服从,就这样来到了大西南。

2. 苦思5年,解开西昌黑沙河古滑坡之谜

我1968年9月到成都报到后,随即到山西军垦农场锻炼,1969年底结束锻炼回成都。当时所里大部分老同志深陷于"抓革命","促生产"的任务就落到我们这批刚分配来的大学生身上。我所当时承担了西昌黑沙河泥石流的研究和治理任务,所革委会决定,主要由我们这些新来的大学生组建黑沙河泥石流队。老所长吴积善同志是党员,研究生毕业,理所当然地当了队长。1970年初,我们开赴西昌黑沙河。逍遥和被教育了3年,能够摆脱"革命"斗争,干业务工作,我太高兴了。

黑沙河是一条著名的泥石流沟,历史上发生过多次泥石流,严

3

重威胁成昆铁路的安全。吴队长交给我的第一项任务,是填绘黑沙河流域地质图。我学的是区域地质专业,南大强调抓"三基",填地质图是基本功,我自认为学得不错,完成任务应该没问题。跑了十几天野外后,基本查明了黑沙河流域的地层分布情况,但前山的地质构造未能合理解释。组成前山山体的是一套产状平缓的地层,下伏产状陡立的地层,两者之间为产状几乎水平的断层(图1)。根据大学里学到的知识,此类平缓断层应为逆掩断层,但黑沙河西临的安宁河大断裂为高角度断层,前山产状平缓的地层不可能从西侧的安宁河逆掩而来。百思不得其解,只好向吴队长说,我无法解释这一现象,不能交"地质图"的卷。他没有说什么,但从他的眼神看得出,他对"南大地质系毕业的",连个地质图都填不出来,很不满意。黑沙河的"逆掩断层"一直是我未能解开的谜,我的同事也知道这是我的一块心病。

我大学里未学过工程地质,不知道何为滑坡,工作后参加了一些现代滑坡的考察,才对滑坡有所了解,并逐步形成了古滑坡的观点。西南山区在山地隆升、河流下切的长期地貌演化过程中,发生过大量的滑坡,许多坡地现仍残留有地质历史时期形成的滑坡(古滑坡),西南山区的现代滑坡大部分是古滑坡的复活。我的"古滑坡"观点当时没有得到所里搞滑坡人士的认可,被讥笑为"张信宝到处都是古滑坡"。

1975年5月,我参加云南大盈江浑水沟泥石流考察,我的"古滑坡复活是浑水沟泥石流形成的主要原因"的观点,得到了大家的赞同,稳定滑坡也成了浑水沟泥石流治理的基本思路。我在山上向大家介绍浑水沟古滑坡时,搞植被的陈精日同志半开玩笑地说,"黑沙河是不是也是古滑坡"。他的这句话提醒了我,黑沙河前山的"逆掩断层"有可能是古滑坡的滑动面。回成都后,我立即赶赴黑沙河,终于解开了困惑我5年之久的"逆掩断层"之谜。按地层层序,前山的地层完全可以贴在后山西坡的地层之上(图1)。前山的平缓地层是从东面的后山滑来,盖到安宁河断裂带的产状陡立的地层之上,"逆掩断层"是古滑坡的滑动面。古滑坡发生后,后山和前山之间发生断陷,形成了现今的鲁基盆地。

图 1　西昌黑沙河古滑坡体示意图

此时,我也浮想联翩,古滑动面被错认为逆掩断层的现象,绝不止黑沙河一处,立即查找地质图,果然有所收获。如 20 万分之一的冕宁幅地质图上泸沽铁矿附近的燕山期流纹岩,覆盖于中生代地层之上。但西南地区从未发现过燕山期流纹岩,编图者只能打个"?"。用古滑坡就可以很好地予以解释,所谓的"燕山期流纹岩"是震旦系的流纹岩滑到中生代地层之上的古滑坡残留体。再如川西著名的"龙门山飞来峰",石炭 - 二叠纪的古生代老地层覆盖于侏罗 - 白垩纪中生代新地层之上,也是古滑坡的产物。

我利用黑沙河"逆掩断层"、泸沽铁矿燕山期流纹岩和川西龙门山飞来峰的资料,撰写了我的第一篇论文《古地滑现象》,发表于《四川地质科技》(1978 年第一期,40 ~ 44)。马杏垣院士看到了我的文章,他 1978 年到成都地质学院(现成都理工大学)讲学,通知我去听他的讲学,讲学开始时,问了我有没有来。讲学中,他引用了我的论文,作为他伸展构造的证据。讲学后,他还询问了我论文的来龙去脉,并说了一些鼓励的话。

3. 兰坪金顶铅锌矿的古滑坡、古泥石流猜想

1976 年后,我任浑水沟泥石流队队长,由于工作关系,经常要到昆明和云南省科委、水利厅联系工作。"文化大革命"期间及其后的数年,昆明的住宿很紧张,我每次到昆明都开一个到云南省地质局查找资料的介绍信,好到地质局招待所住宿。当然,没事也好到地质局资料室看看地质资料消磨时间(我所云南省的 20 万分之一地质图大部分是我弄来的,当时不要钱,只要介绍信)。1978 年的一天,我从招待所报栏的省地质局的小报上,看到兰坪金顶发现特大型铅锌矿的一则报道,报道提及了矿区的推覆构造。我意识到这可能是古滑坡,随即就到地质局资料室查阅该矿区的地质资料。金顶矿为一巨型铅锌矿床,矿区出露地层按其叠置关系,可分为外来系统和原地系统,两者之间为低角度断层接触。根据矿区及区域地质资料分析,我初步认为,矿区广泛分布的外来系统是古滑坡,原地系统的巨厚混杂角砾岩是古泥石流堆积,决定去兰坪金顶验证自己的猜想。

1979 年春,我和我所的胡洪刚同志赴大盈江,顺道先去了兰坪金顶。云南省 801 地质队当时负责金顶铅锌矿的勘探工作,我向董队长递交了介绍信,说明了来意。董队长说:"我队杜明达同志的观点和你的相近,他认为外来系统是'天上飞来的',就由他来接待你吧。"随后,杜明达同志来到我住的地质队板房招待所,我们两人是英雄所见略同,相见恨晚!杜明达同志 1952 年毕业于清华大学地质系,1958 年因言论被贬,从地质部下放到位于砚山县的云南地质局第一石油地质队,被定为极右分子,每月 25 元生活费,"文化大革命"中的遭遇更是可想而知。他当时还是孤身一人,没有结婚。这位老先生在如此艰难的情况下,对事业仍孜孜以求,不得不令人敬佩。《新观察》的一篇文章《发现亿万财富的穷汉》报道了

他的遭遇和事迹。见到他的当晚,地质队的指导员来到我的房间,告诉我,"杜明达是内控人员,和他接触要注意"。当然,我对指导员的"忠告"是嗤之以鼻。

我们一起跑了 3 天野外,取得了共识。杜明达的"外来系统是天上飞来的"的观点是正确的,杜老先生毕业于地质系,没有学过滑坡,在野外地质队的条件和他的身份无法接触到新鲜学术思想的情况下,能够独立思考提出这一观点是非常难能可贵的! 我们共同撰写了《云南兰坪金顶矿区的古滑坡、古泥石流堆积及与成矿的关系》一文。主要观点如下:

矿区的外来系统是古滑坡,为一套中生代三叠系-侏罗系的石灰岩和砂页岩地层,本地系统是新生代老第三系泥石流堰塞湖沉积,巨厚混杂角砾岩是阻塞纴江坳陷海槽的古泥石流堆积,砂岩是堰塞湖湖相沉积,铅锌矿以胶结物状态赋存于本地系统的混杂角砾岩和砂岩中。外来系统内部不同层位之间的断层和与原地系统之间的断层均为古滑动面。滑坡滑动过程和矿床形成推测如下:在老第三纪时,矿区以东地区发生巨型滑坡,巨型滑坡前缘形成的泥石流阻塞纴江坳陷海槽,形成堰塞湖,将原海槽的氧化环境改变为还原环境,导致了矿床的形成(图 2)。角砾岩矿体为阻塞湖盆的泥石流堆积体,砂岩矿体为堰塞湖湖相沉积。矿体形成后,滑坡(外来系统)覆于堰塞湖堆积(原地系统)之上,起到了保护矿体的作用。

考察结束后,我应邀在矿区作了一个报告。报告后,董队长说,"你的报告轰动了金顶",并询问今后的找矿区域。我答道,矿区以南无矿可找,矿区以北有可能找到。后来听说,在矿区以北的跑马坪一带,找到了较大的新矿体。20 世纪 80 年代后期以来,我看到中国矿业大学覃功炯先生和后来其他专家的有关兰坪金顶铅锌矿地质构造和矿床成因的文章,覃功炯的文章接受了我们古滑

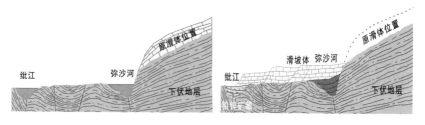

图2　云南兰坪金顶铅锌矿古滑坡滑动过程示意图

坡、古泥石流的观点,并将我们的论文列为参考文献。

　　另,我1986年从新西兰回国后到清华大学拜访了杜明达先生,见到了他和他的夫人(清华大学教授)。他告知我,他的"极右分子"问题早已解决,在地质部老同学的帮助下,他调回地质部,并结婚,现已退休。看到他的幸福晚年生活,我非常欣慰!

4. 珠穆朗玛推覆体之怀疑

　　年轻的时候,我有一个习惯,每次出差回所后,都要到图书馆把所有新到的期刊(地质、地理、水文、气象、土壤、植被、生态环境、水土保持、土木工程等等),无所不包地过下目,以了解各领域的最新研究进展。先看一下文章的题目,可能有用的,浏览一下,知道个大意;感兴趣的,就精读几遍,有的还摘录要点。1980年,我在《地质科学》上看到潘裕生先生的《西藏的推覆构造及其意义》一文。该文认为,组成珠穆朗玛峰山体的奥陶系珠穆朗玛组厚层灰岩和寒武-震旦系的黄带层、北坳组浅变质泥质岩系是推覆体,由北向南逆掩到下伏的前寒武系绒布寺组结晶岩之上。我仔细阅读了此文,怀疑"推覆体"可能是古滑坡,到资料室找了珠峰地区的地形图和地质图进行分析,以验证我的"怀疑"。分析后,我认为珠峰是印度板块由南向北俯冲到西藏板块之下过程中形成的隆升山地,不是由北向南逆掩仰冲的推覆体。珠峰北侧北坳到绒布寺一带为一个巨大的古滑坡,珠峰陡峻的北坡为滑坡后壁,章子峰和珠峰之间的北坳凹地为滑坡后缘凹地。滑坡体的上部由坚硬岩层珠穆朗玛组厚层灰岩组成;下部由软弱岩层黄带层和北坳组浅变质泥质岩系组成。珠峰隆升过程中,形成了南高北低的地形,岩层顺坡产出,软弱岩层又位于山体下部,在重力的作用下,北侧的部分山体由南向北、由高向低滑动,形成现今所见的古滑坡体(图3)。一时兴起,我撰写了《珠穆朗玛推覆体之怀疑》一文投稿于《地质论评》,想不到被录用了。

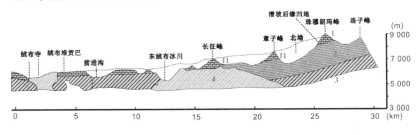

图3　珠穆朗玛古滑坡示意图

1－奥陶系珠峰组灰岩;2－寒武系－震旦系黄带层＋北坳组变质砂页岩;
3－前寒武系绒布武组结晶岩;4－喜马拉雅期花岗岩;f1－断层

5.云南巧家金塘金沙江古滑坡堰塞湖的发现

2008年4月,我带领水利部公益性行业科研专项"长江上游重点产沙区的侵蚀产沙类型及其控制技术"课题组成员(北京地理所许炯心研究员和清华大学王兆印教授等18人)考察金沙江时,在巧家蒙姑镇附近,发现了金沙江沿岸分布的巨厚粗砂层,我告诉他们这就是古滑坡阻塞金沙江形成的古堰塞湖沉积,由于考察的是现代侵蚀产沙过程,对古堰塞湖沉积没有深究。2011年10月,我陪吴积善老所长回访二十世纪七八十年代的西昌黑沙河、东川蒋家沟和盈江浑水沟等泥石流工点,从西昌到东川途经巧家,沿金沙江向上,再顺支流小江到东川蒋家沟。吴所长是地貌学家,我们都是退休了的闲人,一路上讨论看到的地质地貌现象,也是一种乐趣。此次考察,我们注意到巧家蒙姑镇巨厚粗砂层组成的阶地,断断续续地一直延伸到小江的蒋家沟沟口。小江金沙江汇口附近的小江坪阶地和蒋家沟沟口处的达朵台地均属此阶地。我们判断,阻塞金沙江形成堰塞湖的古滑坡坝体应在巧家蒙姑镇的下游。没有任务,没有课题,我们仅仅是吹吹牛而已。

2012 年初的一天,毕业于中国科学院北京地质所的刘维明博士到我所报到后不久,到我的办公室来,说他的导师叫他到山地所后多请教张老师。我正愁没有年轻人研究这一问题,送上门的接班人!我向他介绍了金沙江堰塞湖阶地沉积的简单情况和研究意义,他很感兴趣,愿意在我的指导下开展研究,希望我带他实地考察一下。我和东川泥石流观测研究站站长胡凯衡研究员谈了此事,他非常支持,给刘维明拨了点经费。中国科学院赞助的新加坡国立大学地理学家 Higgitt 教授来我所作 3 个月短期研究,我向他介绍了金沙江古堰塞湖,他也非常感兴趣。我带他和刘博士一起赴东川,实地考察该古堰塞湖阶地沉积,这次考察查明了堰塞湖阶地的分布,确定了堰塞湖的古滑坡坝体位置(图 4)。堰塞湖阶地起于云南巧家金塘,沿金沙江溯源向上分布至右岸支流小江汇口,然后沿小江河谷向上分布至蒋家沟泥石流沟沟口一带,长约 40 km。金沙江沿岸云南巧家的金塘、蒙姑、小江口等台地,四川宁南的鲁吉等台地和小江沿岸的新田、蒋家沟沟口附近的泥得坪、达朵等台地均是此堰塞湖阶地。巧家金塘台地,阶地面高出金沙江河床 200 余米;蒋家沟泥石流沟口达朵台地,高出小江河床 100 余米。小江汇口以上的金沙江沿岸未发现此堰塞湖阶地。

堰塞湖阶地沉积物主体为组成均一的巨厚粗砂层,局部地段夹粉细砂层(照片 1),堰塞湖湖首临近滑坡坝体和两岸支沟汇口

10

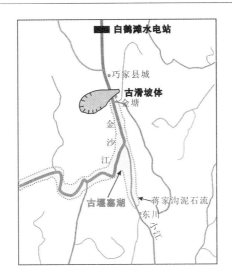

图 4　云南巧家金塘金沙江古滑坡堰塞湖位置图

一带的堰塞湖沉积物为含巨砾的沙砾堆积。从沉积相分析,应为快速过水湖沉积。巨厚粗砂层的岩性主要为灰黑色、灰绿色片岩、板岩,小江流域的前震旦系变质岩系显然是泥沙的主要来源。堰塞湖沉积物最大厚度 200 余米,阶地面平均宽度约 500 m,淤积泥沙总体积大于 30 亿 m^3。

据实地考察和 20 万分之一地质图分析,阻塞金沙江形成金塘堰塞湖的滑坡为四川宁南金沙江左岸的一巨型滑坡。该滑坡由东向西滑落,不但阻塞金沙江,而且“飞”过了金沙江,现金沙江右岸坡地的破碎白果湾煤系地层为左岸分水岭一带的该煤系地层“飞”过来的残留物。从右岸坡地残留的滑坡“飞来峰”面积不少于 2 km^2,滑坡体积可达数亿立方米至数十亿立方米。滑坡阻河坝高大于 200 m,堰塞湖库容大于 200 亿 m^3。坝体以上的金沙江汇水面积 43×10^4 km^2,20 世纪 60 年代以来的年均径流量 1.35×10^{11} m^3。

我们初步认为云南巧家—东川一带沿小江断裂地质时期发生过一次大地震,诱发巧家金塘对岸的巨型滑坡,滑坡堵塞金沙江形

照片 1 堰塞湖沉积物照片

成"金塘古堰塞湖",和东川小江流域的大面积山体失稳,发生大规模滑坡活动。地震后,小江流域泥石流急剧活跃,产出的大量泥沙在堰塞湖内快速堆积,淤满堰塞湖,堰塞湖溃决后,金沙江又迅速下切,形成现今的堰塞湖阶地。从东川小江流域大面积山体失稳、泥石流急剧活动、产沙量剧增和"金塘古堰塞湖"堵河滑坡的规模分析,我们认为此次地震的震级高于四川汶川 5·12 特大地震,震级大于里氏 8 级。此次滑坡堵河可能发生于距今 2 万年左右的末次冰期最盛期(last glacial maximum),采集的堰塞湖沉积物光释光样品送中国科学院地球环境研究所分析,以确定可靠的堵河发生时间。

我在《山地学报》2008 年第四期上发表的《有关汶川地震及次生山地灾害研究的一些科学问题》一文中,怀疑汶川 5·12 特大地震有可能是紫坪铺水库蓄水诱发,并指出拟建中的白鹤滩电站可能存在水库地震问题。文中指出"笔者赞成在金沙江、澜沧江和怒江上修建大型水电工程,但对有些工程深感忧虑。如金沙江上计划修建的白鹤滩电站,该电站水库的区域地震地质情况和紫坪铺水库有相似之处,康滇菱形地块东缘的小江—金沙江—黑水河活动性深大断裂通过库区,水库一旦建成蓄水,有没有诱发大地震的可能? 特别令人担心的是,黑水河断裂西北端西昌的位置,和龙门山断裂东北端的北川县城如出一辙,如水库库区发生特大地震,有可能造成西昌的严重破坏"。金塘金沙江古地震滑坡堰塞湖的发现,使我更加忧虑白鹤滩电站可能存在的水库地震问题。为此,通过中国科学院向中央提交了《关于加强金沙江白鹤滩电站地区古地震研究的建议》的咨询报告。

(二)泥石流

6.拦沙坝背水坡要垂直的理由

1970 年,治理西昌黑沙河泥石流时,我们都是刚出校门的学生,热情很高。什么都干,搞测量,收石方,修拦沙坝、水库,种树等。什么都学,我把同伴们带来的水文、土壤、气象、水工等大学教科书都看了,不懂就问。此外,还向当地的工程技术人员、农民和干部请教,长了不少知识。

1971 年黑沙河暴发稀性泥石流,把我们修的一个拦沙坝冲毁了,吴队长要我和杨庆溪同志调查水毁原因。根据教科书设计的这个拦沙坝,坝高 2 m,坝顶宽 1 m,背水坡是斜坡,背水坡边坡1:1,迎水坡1:0.5。坝的主体是干砌石,背水坡和迎水坡坝面为浆砌块石。实地调查发现,洪水挟带的泥沙石块砸坏背水坡浆砌块石坝面,导致了干砌石主坝体的毁坏。

回所后,我在图书馆馆藏的 20 世纪 50 年代的杂志上,看到一篇匈牙利的有关拦沙坝背水坡的译文。该文的大意是,拦沙坝坝顶流过的洪水含泥沙石块,泥沙石块过坝后向下坠落到坝面上,往往引起坝面损坏,因此拦沙坝的背水坡应该垂直,以避免过坝的泥沙石块砸坏坝面。我们根据教科书设计拦沙坝时,主要考虑的是坝体的力学稳定,背水坡有一定坡度,虽然有利于坝体的稳定,但没有考虑到过坝的泥沙石块砸坏坝面的问题。这篇文章很有道理,和我们调查的情况相符。

1974年,在四川汉源调查滑坡泥石流时,我们发现汉源公路沿线的泥石流沟,修建了许多拦沙坝(当地俗称"马坎")用以稳定沟床和治理滑坡,这些拦沙坝的背水坡都是接近垂直的。养路段的蒲继环工程师向我们解释了拦沙坝背水坡要垂直的道理,和匈牙利的文章完全一样。他说,早期修拦沙坝时,也是从坝体力学稳定性考虑,背水坡不垂直,但都被过坝的石块砸坏了,不得不修成垂直的。

我们内部对拦沙坝背水坡垂直问题有过一些争论,后来慢慢统一了,设计的拦沙坝的背水坡都接近垂直,包括后来我负责的云南盈江县浑水沟、梁河县三家村、永安寨等泥石流和滑坡的治理工程。

7. 高频率与低频率泥石流沟之比较

近百年来,西昌安宁河流域的黑沙河暴发过多次灾害性泥石流,平常年份也时有中、小型泥石流发生,是一条著名的高频率泥石流沟。黑沙河附近的煤炭沟、大塘沟和蒋家沟等也是高频率泥石流沟。这些泥石流沟的共同特点是:沟内山体破碎,滑坡崩塌活动强烈,沟床上涨明显;沟口堆积扇多近期泥石流堆积,植被稀疏,堆积扇沟道游荡,不稳定,经常改道。1972年,我参加了泥石流研究室唐帮兴主任带队的安宁河流域泥石流考察,发现一些泥石流沟几十年甚至上百年才发生一次泥石流,多由特大暴雨激发,规模往往很大,如热水河内的红马沟和邛海以东的大兴沟。这些泥石流沟山口一带的沟道往往深切于老洪积扇内，沟内山体并不破碎，泥石流发生前往往是山清水秀，少见活动性滑坡崩塌。

我对低频率泥石流的成因一直不解，在调查喜德县红莫镇红马沟1958年特大泥石流时，当地一个老者讲的一个故事给了我很大启发。他说他家原住在沟边，泥石流发生的前几年，他发现由于沟床上涨，沟道快要被填平了，知道要出"母猪龙"（泥石流的当地俗称）了，他要搬家。尽管村里人都笑话他，他还是搬了，第二年就暴发了泥石流，导致全村遭殃，而他家却躲过了一劫。他说的故事可能有些迷信色彩，但还是给了我启发。结合1971年冕宁新铁村沟泥石流固体物质来源的调查，我对低频率泥石流沟的形成机理有了初步的认识：受特大暴雨或其他原因激发，上游发生一些坡面泥石流或中小型滑坡崩塌进入沟道形成沟道泥石流，沟道泥石流向下流动过程中，铲括沿途的沟床冲积物，泥石流规模越来越大。低频率泥石流砾石和巨砾含量高，粒度粗，泥石流运动需要较大的厚度，流域内滑坡崩坍活动不强烈，固体物质补给速率有限，沟床物质需要较长的时间才能累积到泥石流运动需要的厚度，因此发生频率低。

后来，我陆续考察了四川汉源流沙河流域、云南小江流域、大盈江流域和甘肃白龙江流域等不少地区泥石流，验证了我在安宁河考察时形成的看法。《长江流域水土保持技术手册》书中列表介绍了这两类泥石流沟的特点（表1）。高频率泥石流沟虽然经常发生泥石流，但往往不易造成大的灾害；低频率泥石流沟难得发生泥石流，然而一旦发生，往往规模巨大，造成的灾害也特别严重。据崔鹏院士的介绍，2010年甘肃舟曲8·8特大山洪泥石流的固体物质也主要来源于沟床。

8. 浑水沟泥石流"筑坝拦沙、稳定滑坡"思路的由来

由于有机会参加滑坡的考察、调查,自己也看了不少有关滑坡的书籍,我对滑坡的治理措施有了基本的了解,如挡土墙、抗滑桩、锚杆、盲沟、"砍头压脚"等等。显然,这些措施,造价太高,难以实际应用于高频率泥石流沟内大规模强烈活动滑坡的治理。20世纪70年代,泥石流综合治理工程的拦沙坝措施的主要功能是拦蓄泥沙,抬高侵蚀基准面,稳定沟道两岸坡地。拦沙坝工程对促进沟内滑坡的稳定有积极的作用,但一般认为拦沙坝对稳定沟内大规模强烈活动滑坡作用有限。

表1　高频率、低频率泥石流沟特征

泥石流沟类型	暴发频率	流域特征	固体物质补给方式	暴雨强度	堆积扇特征	泥石流规模
高频率	基本上年年发生	流域形态多为漏斗型,流域内大型滑坡、崩塌发育,分布广,活动强烈	以坡面物质为主	常年暴雨	堆积扇上每年都有泥石流沉积,堆积扇地面草木稀疏,无多年乔木,沟道易变迁	大、中、小型均有
低频率	暴发周期大于10年	流域形态多为长条形,流域内山体稳定性和植被尚好,小型滑坡、崩塌时有发生	以沟床物质为主	稀遇暴雨	堆积扇多已辟为农田,生长有乔木,无泥石流发生时沟道稳定	一旦发生,规模较大

1974年,汉源县养路段的蒲继环工程师在喇嘛溪沟向我们介绍了拦沙坝稳定公路滑坡的实例。拦沙坝修建前,坝上游20米处有一个滑坡,公路路基年年下滑,8米高的拦沙坝建成后,泥沙淤埋了滑坡的坡脚,稳定了滑坡,效果很好。我们都感到很有科学道

理,利用淤积泥沙的被动土压力抵挡滑坡的下滑力。卢螽樨还专门写了一篇《"马坎"稳滑坡》的文章。

　　应云南省水利勘测设计院的邀请,1975 年 5 月,唐邦兴主任带队考察云南大盈江流域的泥石流,重点是浑水沟。浑水沟是一条灾害严重的高频率泥石流沟,流域面积 4.5 km²,每年发生泥石流 50 次以上,其中流量大于 100 m³/s 的大型泥石流 5 次左右,平均每年向大盈江输送泥沙 110 万 m³,流域侵蚀模数高达 50 万 t/km²·a。浑水沟泥石流活动已有 100 余年的历史,大量泥沙输入大盈江。近50 年来,河床每年上涨 5 ~ 10 cm,大盈江已变成地上河,河道摆动,频繁决堤,淤埋农田,毁坏村寨。中华人民共和国成立前,严重决堤 24 次,冲毁村寨 16 个,淤埋农田 7 万余亩*。1974 年浑水沟泥石流阻塞大盈江后决开,下游大盈江改道,冲毁丙汉公路大桥,良田 7 000 余亩,村寨 6 个,淹没农田 2 万余亩。1951 年云南省农林厅大盈江查勘报告指出:"大盈江的灾害不在于洪水流量大和所谓虎跳石阻水,主要原因在于含沙量太大,治河的重点在防沙流。"。大盈江洪涝灾害严重制约盈江县国民经济的发展,直接威胁大盈江两岸 10 余万各族人民生命财产的安全,是当地各族群众和历届盈江县政府的心头之患。即使在"文化大革命"期间,盈江人民也没有忘记浑水沟治理,盈江县革命委员会成立后的第一号文件就是治理浑水沟。

　　几天考察后,我根据流域内的滑坡裂缝,滑坡洼地和沟道内出露的滑动带(胶泥层),做出了大规模强烈活动的深层滑坡是浑水沟泥石流形成的根本原因的判断。浑水沟水土保持站 1966 年成立以来,采用的一般水土保持措施,不能起到稳定滑坡的作用。根

---

　　* 1 亩 ≈ 666.67 m²

治浑水沟泥石流,必须治理流域内强烈活动的滑坡。据后来几年的调查,浑水沟流域内古滑坡面积3.4 km²,占流域总面积的75.5%,总方量6.8亿 m³。现代连续活动滑坡面积0.51 km²,总方量0.2亿 m³,间隙活动滑坡面积0.35 km²,总方量0.3亿 m³(图5)。唐邦兴主任同意了我的判断,我将四川汉源的"马坎"稳滑坡的基本原理,运用于浑水沟泥石流治理方案的制定,提出了"筑坝拦沙,抬高沟床,稳定滑坡,植树造林"的治理方案。在中游猴子岩峡谷段修建高坝拦蓄泥沙,利用淤积的泥沙埋压滑坡滑动面,稳定流域内的滑坡。根据滑动面的出露高程和淤积泥沙的回淤坡度及距离,确定梯级拦沙坝群的坝高。当时制定了集中治理和集中 + 分凹治理两个方案。集中治理方案坝高 120 m,可淤埋流域内所有大型滑坡滑动面的出口;分凹治理方案坝高 80 m,可淤埋流域内除二凹外的所有大型滑坡滑动面的出口,二凹尚须分凹治理。

　　1975 年后的浑水沟治理,按照以上方案进行,走上了正轨,治理取得了圆满的成功。浑水沟泥石流治理分别获得云南省科技进步一等奖(1979 年)和德宏州科技进步特等奖(2003 年)。截至2002 年,浑水沟共建成由 6 座坝组成的总高 90 m 的梯级坝群,坝高亚洲第一,拦蓄泥沙 725 万 m³。1981 年以来,泥石流规模大为减少,1989 年以后已无泥石流出沟口,年输沙量由原 150 万 t 降低到 1989 年的 9.5 万 t,1995 年以后不足 4 万 t。浑水沟已变为现在的"清水沟"(照片 2、3、4)。除二凹外,流域内的滑坡已基本得到稳定,二凹的滑坡活动也明显减弱,形成的少量泥石流全部拦蓄于坝内。20 世纪 90 年代以来,浑水沟沟口以下的 15 km 大盈江南底河段,由于浑水沟入河泥沙大量减少,河床下切,游荡型河道逐渐归槽,沿岸新开垦农田 3 000 亩(照片 5)。南底河以下的大盈江主河,河床不再上涨,为后来大盈江防洪工程建设奠定了基础。浑水沟泥石流治理的其他效益,这里就不一一赘述了。2007 年,云南省

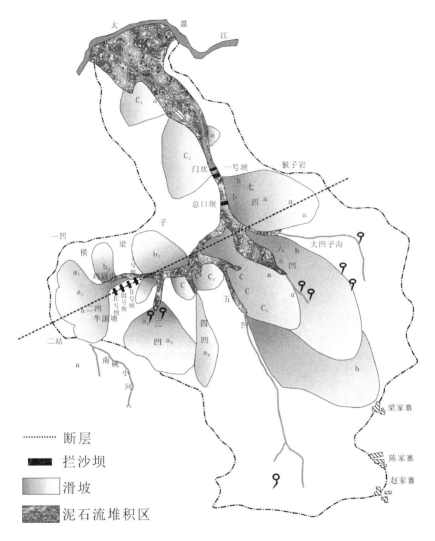

图 5(a)　浑水沟流域滑坡分布图

　　a.活动性滑坡;b.间歇性滑坡;c.渐趋稳定滑坡。a.b.c.的下标数为主要滑坡的编
号;1.滑坡凹地;2.泉水;3.断层;4.泥石流堆积区;5.拦沙坝

　　水利厅厅长向全国水土流失科学考察专家组在汇报云南省水土保
持工作时,特别介绍了浑水沟泥石流的治理。

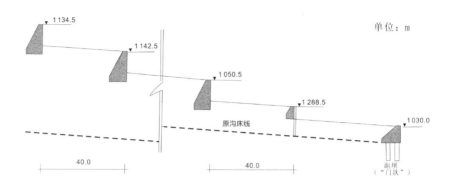

图 5(b)　浑水沟梯级坝群示意图

照片 2　浑水沟大坝照片

照片 3　浑水沟坝前淤积

照片 4　浑水沟沟内淤积全景

照片 5　大盈江江沙变农田

2006 年,我偕夫人回访浑水沟,赋诗一首:

　　2006 年 11 月携妻、友回访浑水沟

　　三十而立浑水沟,风雨五载泥石流;

　　山崖崩裂走蛟龙,河川堰塞起沙洲。

　　基桩托起箱格坝,梯坝叠成碉堡楼;

　　滑坡稳定沟水清,不枉携妻花甲游。

2011 年,陪同吴积善老所长和王士革研究员回访浑水沟,又赋诗一首:

2011 年 10 月陪同吴积善老所长和王士革研究员回访浑水沟

　　沟口新桥车迷路,沟内旧径人识途;

　　梯坝水清荒草深,阶石苔绿落叶疏。

　　淤沙稳住鸡冠山,积水砌成月牙湖;

　　喜看江沙成绿野,丙汗桥头鸭儿兔。

9. 浑水沟滑坡的争论

　　1975 年,我做出了流域内大规模强烈活动的滑坡是浑水沟泥石流频繁发生的根本原因的判断,并提出了“筑坝拦沙,抬高沟床,稳定滑坡,植树造林”的治理方案。我毕竟不是研究滑坡的专家,提出请滑坡研究室的同志承担浑水沟滑坡的研究工作。1976 年,滑坡室主任张益龙同志带了几位同志到浑水沟考察滑坡,这几位同志一致否认浑水沟的滑坡。我至今也没有弄明白,为什么山上那么多裂缝,滑坡室的同志竟然说“浑水沟的‘滑坡’不是滑坡”。滑坡室主任张益龙同志不是搞专业的,没有表态;时任科技处处长屠清瑛同志和泥石流室副主任吴积善同志也不好表态。

　　稳定滑坡是治理浑水沟泥石流的科学基础,如果不是滑坡,整个治理方案就不能成立。滑坡室的同志考察几天后丢下了“浑水沟的‘滑坡’不是滑坡”的意见就回成都了。我怎么办? 必须给出

毫无疑义的滑坡的科学证据！我在一、二凹的滑坡体上,沿滑坡主轴线方向布设观测断面,沿断面设置观测桩,用钢卷尺＋弹簧秤定期量测地面位移,用水准仪量测垂直位移。1976 年 10 月,我回到成都向滑坡室和所领导展示了滑坡位移观测的资料,铁证如山,滑坡室的同志终于承认了浑水沟的'滑坡'是滑坡。要别人接受你的观点,必须要有充分的证据。1977 年又在三凹布设了位移观测断面。浑水沟泥石流形成区的滑坡观测资料,很好地阐明了滑坡活动和降水、泥石流的关系(图 6)。

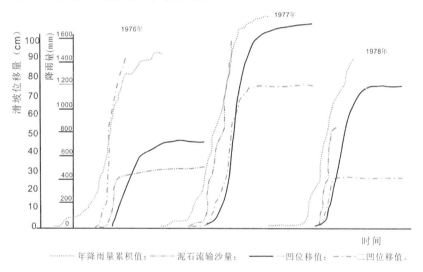

图6 滑坡位移量、泥石流输沙量的关系图

10. 梯级坝群,解决了浑水沟高坝的难题

稳定浑水沟流域内的滑坡,需在猴子岩峡谷段修建 80 m 或 120 m 的高坝。1975 年还处于"文化大革命"期间,盈江县又是地处西南边隅的小县,依当时的人力、物力和财力,不可能修建如此高的混凝土或浆砌块石坝,怎么办?

考察云南东川和易门铜矿泥石流时,我看过尾矿坝。这两个矿山选矿厂的尾矿泥浆通过管道排入尾矿库,在尾矿库内逐渐疏干。尾矿坝是在尾矿库的出口处利用尾矿渣筑高仅数米的拦泥埂用于拦蓄尾矿泥浆,坝库淤满后,再利用沉积的尾矿泥修筑新的拦泥埂,以便拦蓄之后排出的尾矿泥浆。尾矿坝是利用尾矿修建的一个土坝,尾矿坝边坡的稳定性是按照土坝边坡来计算的。浑水沟泥石流源地土体为风化花岗岩,粒度粗,以沙砾为主,黏粒含量低,泥石流堆积物的土力学性质远好于尾矿,可以参照尾矿坝,将拦沙坝修建成梯级坝群。我的意见得到了当地浑水沟泥石流工程指挥部的赞同,1975 年考察后提出的治理方案主体工程就是梯级坝群。坝群由 8～12 个 10 m 坝高的浆砌块石拦沙坝组成,相邻坝的间距为 30 m,以控制坝群的总体坡度和便于泥石流消能。坝群实际上是利用泥石流堆积物构建的边坡1:3的土坝,每个拦沙坝相当于尾矿坝的拦泥埂。10 m 坝高的确定,主要考虑地基承载力。浑水沟泥石流堆积物以沙砾为主,黏粒含量低,沉积后非常密实,地基强度不会低于 4 kg/cm^2(没有测试,是根据自己这几年学到的知识做出的判断),修建 10 m 高坝没有问题。修建过程中,设计者根据实际情况将坝高 10 m 改为 15 m 后也安然无恙(照片 2)。

11. 顶住领导压力,否定定向爆破筑坝方案

1976 年,成都山地所组建大盈江泥石流队,主要开展浑水沟泥石流的观测、研究和治理工作,吴积善任队长,我和刘江任副队长。吴积善任期不长,我接任队长。1976 年,我们又根据滑坡、泥石流的调查观测结果,对 1975 年提出的治理方案进行了完善,上报到云南省省科委和水利厅等部门。一些领导同志认为,若采用"梯级筑坝"方案,浑水沟需要几十年才能治好,太慢了,提出采用定向爆破技术,一炮就可以把浑水沟治好(受大寨定向爆破修梯田影响,

云南省当时正在推广定向爆破筑坝技术）。主张最有力的是云南省科委祁文副主任和我所革委会梅杉副主任（他们都是我非常尊敬的老干部，工作热情很高），他们极力劝说我接受定向爆破筑坝的意见。

我何尝不想一炮治理好浑水沟泥石流。但我对定向爆破筑坝心里没底，许多科学与技术问题都没有解决，四个理由提醒我不能贸然行事：①我也看了一些定向爆破的书，要求岩土体完整，以便药室密封，确保爆破成功。猴子岩山体破碎，裂缝很多，难以保证药室密封，爆破成功；②定向爆破的坝体为风化花岗岩碎屑，和浑水沟泥石流源地土体的组成差不多，爆破后的风化花岗岩破碎山体稳定性很差，暴雨时很可能形成泥石流。弄不好，我们不是治理泥石流，而是制造泥石流；③溢洪道难以布设；④大当量的爆破很可能加剧浑水沟滑坡泥石流的活动。我们现在的方案虽然治理时间长，但见效快。一旦实施，2～3年后，大部分泥石流将拦蓄于坝库内，入江泥沙大大减少，浑水沟的泥石流危害可基本消除。而且，每年需要的治理经费和劳力不多，适合治理经费困难和边疆劳力紧张的实际情况。

说老实话，当时我对能不能治好浑水沟也没有十分的把握，但我们的方案即使失败，也不会造成破坏性的后果。而定向爆破筑坝一旦失败，浑水沟唯一的建坝坝址将不复存在，我们就是盈江人民的千古罪人。因此，我顶住了两位老领导的压力。

1976年12月，全国岩土工程学会在昆明翠湖宾馆召开了"全国第一届岩土爆破工程学术研讨会"，"文化大革命"刚刚结束就召开这样的会议是有背景的。当时的全国政协副主席张冲先生，一心想用定向爆破的方法筑高坝，开发金沙江水电资源，说服有关部门召开了这次会议。水电部当然知道不能这样干，但张老要开会，还是要给他一个面子。张老心里也清楚，我记得他当时说的话："我知道我说话不算数,你们说话算数,我求你们了,能了却我的心愿"。云南省科委为了说服我同意在浑水沟搞定向爆破,把云南省参会的两个名额给了我一个,希望能"洗洗"我的脑。我参加了会议,通过会议报告和会下的交流,我知道金沙江为什么不能搞定向爆破筑坝了。实地参观江川的定向爆破筑坝修建的水库还存在渗漏问题。通过这次会议,我更加坚定了"浑水沟不能搞定向爆破筑坝"的决心。会后,云南省科委把中国科学院力学研究所的大寨定向爆破修梯田的专家金××请到大盈江,希望能够说服我同意浑水沟搞定向爆破筑坝。我在现场和金谈了我对定向爆破筑坝的忧虑,他完全同意我的意见。在浑水沟现场考察后的会议上,金××表态："浑水沟地形条件中等,据地质专家的意见,地质条件不理想,定向爆破筑坝成功的把握性不大。"浑水沟定向爆破筑坝的方案就这样被否定,从此之后,再也没有人提浑水沟定向爆破筑坝了。

12. 获省级一等奖的桩基门槛坝

浑水沟1974年发生特大泥石流,导致下游沟床改道,大盈江汇口改向下游,高程降低10 m。当年初建成的沟口坝(坝高7 m,后称为Ⅰ号坝),由于坝下冲刷,坝基悬空6.5 m。修建梯级坝群,首先要保住Ⅰ号坝,计划在Ⅰ号坝下游40 m处修建一坝高8 m的门槛坝,门槛坝处沟床的泥石流堆积物厚达数十米,根据设计冲刷线,门槛坝的坝基深度为12 m。当时浑水沟工程指挥部除了简单的卷扬机和搅拌机外,没有任何现代的施工机械,如用浆砌块石做基础,如何开挖深12 m的基础? 基础＋坝高总高达20 m,无论是财力、机械、人力都无法解决。1974年浑水沟泥石流堵河决口毁坏的丙汉大桥于1977年开始重建,大桥采用桩基基础,用大口径冲击钻打孔。受丙汉大桥桩基基础启发,我想门槛坝是否可以采用桩基基础? 泥石流堆积扇巨沙砾多,不能用冲击钻打孔,可以采用沉井法挖孔,与浆砌块石基础相比,工程量大大减少。我的想法得到了大家的赞同,山地所罗家骥同志负责门槛坝工程的设计,工程包括6根直径1 m、长12 m的桩基和8 m高的浆砌块石坝体。1977年8月,云南省科委财经处赵处长赴盈江实地听取了我们的汇报,同意将门槛坝工程列为试验工程,省科委下拨30万元经费用于工程建设。工程于1977年11月开始实施,1978年5月顺利完工。

门槛坝工程建成后,1978年的首场泥石流就将门槛坝坝库淤满,淤埋了 I 号坝悬空6.5 m的坝基,保住了 I 号坝,为整个梯级坝群奠定了可靠的基础。同年10月,以云南省水利学会副理事长陈善述副总工程师为首的鉴定小组对工程进行了全面鉴定,认为"该试验工程基本成功,工程结构适应泥石流特点,可行"。浑水沟门槛工程获1979年云南省科技进步一等奖("文化大革命"后云南省的第一次科技进步奖)。

30余年来门槛坝工程运行正常,确保了整个梯级坝群的安全。浑水沟泥石流入江输沙量大为减少后,大盈江河床强烈下切,浑水沟汇口高程下降6 m。为了防止汇口高程下降引起浑水沟沟床下切,进而危及门槛坝安全,后来又在门槛坝和汇口之间修建了多个坝高为1~2m的固床坝,收到了良好效果。

13. 穷乡僻壤逼出了就地浇铸大箱格坝坝型

门槛坝解决了梯级坝群的基础后,又考虑梯级坝的坝型问题了。治理浑水沟的劳力主要来源于下游盈江坝子受危害的傣族村寨,由于民族习惯,民工在工地上不能超过半个月。1970—1974年治理浑水沟大会战修建争光坝、总口坝和沟口坝(I 号坝)期间,3 000人在工地,3 000人在路上,3 000人在寨子里做准备,把盈江县是折腾够了。按照设计要求,修建梯级坝每年要完成的坝体工程量,不亚于 1970—1974 年大会战期间,如仍采用浆砌块石坝型,又要把盈江坝子里的傣族群众折腾够,而且"文化大革命"已经结束,强迫命令已行不通了。材料也是问题,浑水沟沟内没有那么多块石,怎么办?

我想到 1954 年长江发大水,镇江防洪堵缺口用的是填土麻袋和草包。浑水沟有的是砂石,是否先浇铸混凝土箱格并运到现场装配后,再用砂石填充,组装成大坝。箱格坝和浆砌块石坝一样,同样可以按重力坝计算坝体的稳定性,理论上没有问题。回所后,我到图书馆查找有关箱格坝的书和资料,相关资料很少,箱格尺寸一般小于 1 m³。1979 年,我们和浑水沟指挥部的同志讨论梯级坝的坝型时,我提出了箱格坝的思路,大家展开了热烈的讨论,认为与其把箱格运到坝上,不如现场就地浇铸,把箱格搞大一些,3 m × 3 m 比较恰当,最后德宏州农委副主任张鹏举说:"就叫就地浇铸大箱格吧!"。梯级坝坝型确定后,Ⅱ号坝和Ⅲ号坝由德宏傣族景颇族自治州水利局的任泽怀总工程师负责设计;我从新西兰回国后,云南省又把浑水沟的后续治理设计任务交给我。1989 年我带领我所的王世革研究员等同志赴浑水沟,总结前期工程的成效和存在的问题,设计以后的治理工程。Ⅳ号坝和Ⅴ号坝由王世革负责设计。

就地浇铸大箱格坝的箱格就地浇铸建好后,用皮带运输机将坝库内的泥石流沉积砂石输入箱格内,冲水自然压实。此种坝型充分利用取之不尽的泥石流砂石资源,与浆砌块石坝相比,可节省投资 30%。大箱格浇铸法节省了大量劳力,每年 10 月至次年 5 月的旱季,二十几个民工,一台卷扬机,一台搅拌机,不紧不慢地施工就可以完成任务。不要再搞大会战,不需要动员全县劳力上浑水沟,为盈江县的领导卸下了千斤重担。

2002 年Ⅴ号坝完工验收后,德宏州科委邀请专家对浑水沟泥石流治理工程进行了鉴定,被授予德宏州科技进步特等奖。"黄土、红土,潇洒人生",我本是享受科学研究之人,对报奖兴趣不大,加之申报云南省科技进步奖的诸多限制,也就没有再进一步努力了。

14. 石灰残渣的絮凝启示我将胶体化学 引入泥石流研究

我负责浑水沟泥石流形成的观测研究,住在浑水沟的上站,暴雨一来,就跑到二凹观测泥石流形成。1976 年的多次观测,我发现二凹右支沟比左支沟容易发生泥石流,但这两条支沟的地形、地质条件差不多,为什么? 我注意到左支沟沟头的原上站水泥仓库遗址残存有一些石灰渣,怀疑左支沟不易发生泥石流可能和二价钙离子的絮凝作用有关。

回所后,我看到《水利水电译文》上题为《分散性黏土坝的管涌》的文章,该文介绍了代换性阳离子 Na^+ 的黏土分散性高,修建的黏土坝容易发生管涌;代换性阳离子 Ca^{2+} 的黏土分散性低,不容易发生管涌。受此文启发,我到图书馆查找借阅了所有的相关书籍,如傅鹰的《胶体化学》,于天任的《土壤电化学性质及其研究法》,罗戴的《土壤水》,和《钻井泥浆》《黏土矿物学》《土质学》《物理化学》等。我当时有一种知识饥饿感,读了这些书后,大大拓宽了我的知识面,掌握了这些学科的一些基本知识。如,泥浆体的网格结构;土壤水可分为紧束缚水、松束缚水和重力自由水;土壤电化学中的代换性阳离子,渗透膜和范德华力等。

1977 年,我们开展了黏土矿物成分、泥石流细粒物质的代换性阳离子和分散度等方面的测定工作和泥石流的细粒浆体的流变试验。当时的试验条件非常简陋,流变试验的唯一仪器是测钻井泥浆黏度的漏斗黏度计。我们开展的电解质对细粒浆体黏度影响的试验,确证了 Ca^{2+} 的絮凝作用强于 Na^+(图7)。1977 年底,我和王裕宜同志到北京大学请教了我国胶体化学的泰斗——傅鹰先生,他当时还是没有摘帽的右派;到中国科学院南京土壤研究所请教了我国土壤电化学的鼻祖——于天任先生。这二位老先生都对我们将胶体化学的知识用到泥石流研究中给予了极大的鼓励。于天任先生还写了一个条子让我参加在杭州浙江农业大学召开的土壤物理学专业委员会学术会议,参加此次会议,我增加不少土壤物理方面的知识,受益匪浅。1978 年是科学的春天,除星期六外,每天晚上是大盈江泥石流队的业务学习时间,我在会上讲了几次有关胶体化学的课程,将学到的知识传授给大家。

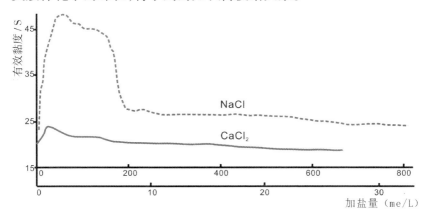

图7　浑水沟淡水泥浆的电解质同其有效黏度关系

15. 自由孔隙比的提出

通过引入胶体化学,我对影响泥石流细粒浆体流变特性的原因有了比较深刻的认识。组成泥石流体的固体物质,90% 以上是沙砾,粗颗粒物质对泥石流的流变特性有何影响? 1978 年,我们用漏斗黏度计开展了粗粒浆体的有效黏度试验。用相同的细粒浆体作为基质,开展不同粒度的加沙试验,测定浆体有效黏度的变化。试验结果表明,浆体的有效黏度随着加沙量的增加而迅速增加,细沙的增幅大于相同重量的粗沙(图8)。试验中,我观察到浆体流动时砂粒的互相碰撞,加沙越多,碰撞越强烈,漏斗黏度计发生阻塞时,砂粒之间已经完全直接接触。通过加沙试验,我认识浆体的有效黏度主要取决于泥沙颗粒的互相碰撞摩擦,也就是说和泥沙颗粒的自由程度有关。

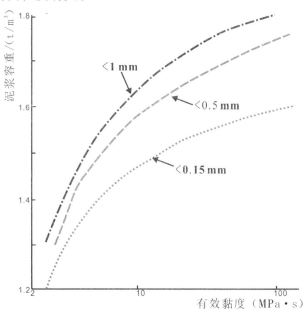

图8　三种浆体的容重与其有效黏度相关图

细粒浆体加沙后,有效黏度随容重①增加而增加(图8)。我读过《土壤水》和《土质学》等专著,有土体孔隙方面的一些基础知

---

① 体积质量即容重。容重在地学研究中被普遍采用,本书上出现的容重即表示体积质量。

识,可否利用孔隙指标来表征浆体中固体颗粒的自由程度,进而建立和有效黏度的关系? 根据这一思路,我提出了流体孔隙度和自由孔隙度的概念,流体孔隙度为泥石流体中的水所占的体积百分比,自由孔隙度为泥石流体的流体孔隙和颗粒相应的松散孔隙之差(式1)。

$$N_c = N_l - (1 - N_l)N_s/(1 - N_s) \tag{1}$$

式中:N_c——自由孔隙度(%);

N_l——流体孔隙度(%);

N_s——固体颗粒的松散孔隙度(%)。

我绘制了粗粒浆体和细粒浆体的自由孔隙度和有效黏度的关系曲线,两条曲线重合不好,表明自由孔隙度(N_c)还不能很好表征浆体中个体颗粒的自由程度。1979年我结束兰坪金顶矿区的古滑坡、古泥石流考察到下关,赶长途汽车去浑水沟干我的正事——泥石流。由于兰坪考察的成功,我当时相当兴奋,在下关的旅馆里睡不着,又思考起泥石流的自由孔隙度。我突然想到,自由孔隙度和流体孔隙度的比值有可能更好地表征浆体中个体颗粒的自由程度,马上起床写出了公式(式2),并将这一比值定名为自由孔隙比(e_c)。

$$e_c = N_c/N_l = [N_l - (1 - N_l)(1 - N_s)/N_s]/N_l \tag{2}$$

式中:e_c——自由孔隙比。

回到浑水沟,我计算了不同粒度加沙试验浆体的自由孔隙比,绘制了自由孔隙比和有效黏度的关系曲线,三种不同粒度加砂浆体的曲线,接近重合。这表明,自由孔隙比可以较好地表征泥石流体中泥沙颗粒的自由程度。自由孔隙比的物理内涵和拜格纳悬沙理论中的线性浓度(λ)相同。拜格纳将泥沙视为等径球体,用等径球体的孔隙度计算 λ。组成泥石流体的泥沙由不同粒径的非球体颗粒组成,利用中值粒径求得的线形浓度(λ)不能很好地表征泥沙颗粒的自由程度,自由孔隙比(e_c)用组成泥石流体泥沙的实测松散孔隙度计算,可以更好地表征泥沙颗粒的自由程度。

我在《云南盈江浑水沟泥石流体组成的初步研究》一文中(刊于1981年的泥石流论文集),介绍了自由孔隙比,给出了相关公式。泥沙研究泰斗钱宁教授,非常关注泥石流研究,1981年他到山地所与泥石流室的同志座谈,并在会上提了9个问题要我们回答。我当时还年轻,轮不到我回答。会议快结束时,他突然说,"我对你们提出的自由孔隙比很感兴趣",于是我向钱宁先生汇报了自由孔隙比的来龙去脉。钱宁先生的研究生戴继岚的毕业论文就是有关自由孔隙比的,还发表了有关自由孔隙比的两篇文章。钱宁先生的巨著《泥沙运动力学》也有自由孔隙比的内容和相关公式。

另,根据自由孔隙比的泥石流分类,较好地解决了不同粒度泥石流体容重分类指标不统一的问题(表2),自由孔隙比也可以较好地解决不同粒度组成泥石流体分类容重指标不一的问题。

表2　黏性、亚黏性、稀性泥石流的容重和自由孔隙比

流体类型	容重(g/cm^3)		自由孔隙比
	泥石流	黄土泥	
黏性	1.90 ~ 2.25	1.63 ~ 1.78	< 0.05
亚黏性	1.69 ~ 1.90	1.50 ~ 1.63	0.05 ~ 0.37
稀性	1.35 ~ 1.69	1.26 ~ 1.50	0.37 ~ 0.70

16. 用概率频率累积曲线法破解泥石流泥沙粒度峰型之争

20世纪80年代以前,泥石流泥沙粒度资料的分析处理比较简单,仅仅简单计算黏粒、粉、细、粗沙和砾石的含量及中值粒径,没

有分析粒度组成和泥沙的运动搬运方式之间的关系。有一天,我在图书馆看到成都地质学院陕北队编写的《沉积岩粒度分析及其应用》一书。书中介绍了一些粒度资料处理和分析的一些新方法,我仔细拜读了该书,受益匪浅,我特别欣赏该书介绍的概率频率累积曲线。流水沉积泥沙的粒度分布在曲线图中通常可分为悬移段、跃移段和推移段三个折线段,用这种方法处理沉积物粒度,可以分析泥沙的运动搬运方式。

我用概率频率累积曲线法处理浑水沟粒度资料,收到了很好的效果。挟沙水流和稀性泥石流的泥沙粒度可以明显划分出悬移段和跃移段,亚黏性泥石流难以分出,黏性泥石流的粒度曲线和源地土体完全重合(图9)。这就很好反映出,黏性泥石流是整体搬运,完全没有分选;亚黏性泥石流基本没有分选;稀性泥石流有明显分选;挟沙水流分选性最好。

用概率频率累积曲线法处理蒋家沟和浑水沟泥石流粒度资料,也解决了长期以来存在的两沟黏性泥石流体泥沙粒度的单峰型与双峰型之争。云南东川蒋家沟和盈江浑水沟都是黏性泥石流沟,但在粒度分布的直方图中,前者呈双峰型分布,后者呈单峰型分布。有人认为这是两沟泥石流运动方式不同造成的,浑水沟泥石流可能不是黏性泥石流。对比两沟黏性泥石流粒度概率频率累积曲线,可以看出都不能划分出悬移段和跃移段,很好反映出黏性泥石流是整体搬运,完全没有分选。黏性泥石流体粒度特点取决于源地土体,不是在泥石流运动过程中形成的。后来蒋家沟的同志也将泥石流体的粒度组成和源地土体进行了比较,得出了一致的结论。

17. 调查细粒泥沙来源的化学元素统计法

1976年以来5年的连续观测,查明了浑水沟的年均输沙量,但

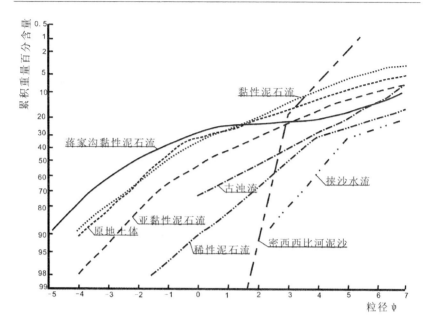

图9 泥石流、水流泥沙、古浊流及其源地土壤机械组成累积频率曲线

还无法确定年均输沙量对大盈江泥沙的贡献率,难以定量阐明浑水沟泥石流治理的科学性和重要性。我在1977年地貌学术讨论会论文集上,看到南京大学地理系林承坤老师发表的《河流推移质泥沙来源和数量计算方法——岩矿分析计算法》一文,很受启发。这一方法的基本原理是,不考虑泥沙的磨损和破碎,主河某一粒径组岩性组成的百分比取决于各个支沟岩性组成百分比和该粒组汇入的百分数。他用岩性统计的方法,解决了长江三峡葛洲坝工程卵石推移质的来源和数量问题。

　　浑水沟出露岩层为花岗岩,汇口以上的大盈江流域出露岩层以变质岩为主,腾冲一带还有大面积玄武岩等火山岩分布,用岩性统计法可以求算支沟卵石推移质的产沙贡献率,但细颗粒泥沙的岩性和矿物鉴别需要专门的仪器,难度较大,应该怎么办? 我想可以用某一粒径组化学元素含量的百分比替代岩性组成的百分比来计算支沟的产沙贡献率。

我们采集了盈江县城以上大盈江主河和包括浑水沟在内的支沟的十余个断面的河床泥沙,分成 8 个粒径组分别计算产沙贡献率,粒径大于 2 mm 的砾石采用岩性统计法,小于 2 mm 的细粒泥沙采用碳酸盐含量和硅铝比统计法。再根据浑水沟各粒径组的年输沙量,求算大盈江各取样断面的年输沙量。浑水沟年输沙量约 225 万 t,求算出的下游大盈江丙汉大桥断面的年输沙量约 593 万 t,浑水沟的产沙贡献率为 38%,而浑水沟的流域面积仅占丙汉大桥以上大盈江流域面积的 0.3%,显示出浑水沟产沙量对大盈江泥沙的重大贡献率,也为浑水沟的泥石流治理提供了可靠的科学依据。

18. 撒石灰稳滑坡的失败

浑水沟滑坡的滑带土是代换性阳离子以 Na^+ 为主的高分散性土,二凹左支沟不易发生泥石流又可能与水泥仓库的残留石灰有关,我想如在滑坡裂缝中施放石灰,石灰中的 Ca^{2+} 有可能入渗到滑动面,交换部分黏土矿物吸附的 Na^+,起到絮凝作用以稳定滑坡。于是提出了在二凹开展撒石灰稳滑坡试验的想法,浑水沟工程指挥部的同志也非常支持我的想法,1978 年雨季之前在二凹撒了 20 t 石灰。石灰是用马帮运上去的,我一个人住在上站一个多月,指挥民工将石灰填到滑坡裂缝里,工作的辛苦挡不住我对稳住滑坡的美好幻想。

雨季的头几场小雨,二凹下来的沟水变清了,沟床表层沙砾钙质胶结,形成硬壳,效果非常好,我和指挥部的同志都很高兴,看来有苗头。没有想到,头一场暴雨泥石流发生后,沟床的钙质胶结硬壳就不见踪影,沟水复又变浑,滑坡活动和泥石流发生依旧,石灰稳滑坡的方法彻底失败。石灰稳滑坡失败后,领导没有批评我,但闲言碎语不少。我当时还年轻,认为科学要允许失败,没有什么了不起,也没有什么包袱。年纪大了以后才悟出,在中国搞科研,是只能成功不能失败的。

19. 浑水沟泥石流的后续研究

我2016年70岁,又如约五年一次回访浑水沟,由中国科学院地球化学研究所的3个弟子陪同,12月驱车前往,受到了亲人般的接待,浑水沟工程管理所所长寸守全同志等陪同实地考察了沟内的泥石流治理工程和汇口以下的大盈江河床变化。治理工程安然无恙,大盈江河床内沙田连片。听闻水利部水土保持司司长蒲朝勇年初实地考察了浑水沟,对工程非常满意,说:"想不到在这么边远的地方还有这么好的工程"。据说,还要安排项目给予支持。如前两次考察,我又赋七言诗一首:

2016年12月携地化所3弟子回访浑水沟

古稀如约浑水沟,谷深水清林草稠;

树高难掩梯坝群,发白望叹横梁子;

巨砾累累见河槽,沙田块块傍溪流;

江声巳尽英雄恨,科学仍须上层楼。

沟内沿梯级坝梯道上行时,我注意到相邻梯级坝之间的残留泥石流滩地地面上自然恢复的植被保存完好(照片6),自下而上演替有序。Ⅰ号坝泥石流淤积滩地,碗口粗的松树成林,林下灌草深密;向上植被逐渐变差,Ⅴ号坝滩地,茅草丛生,松树高仅齐腰;Ⅵ号坝滩地,沙地草丛稀疏。我5月份刚在海螺沟开展了冰碛台地土壤和植被演替的研究,立刻联想到这里可以开展泥石流滩地土壤和植被演替的研究。上面一道梯级坝的建坝时间,是下面梯级坝泥石流滩面的植被和土壤恢复的开始时间,时间绝对可靠。浑水沟工程管理所禁止外人进入沟内,植被未受人为干扰,难得的案例研究宝地。

　　攀上Ⅵ号坝,坝前淤积滩地已是沙质小平原,沿沟向上前行,沟床坡度缓缓增加,支沟沟口冲积扇翘尾巴明显(照片7),也是泥石流溯源堆积的案例研究宝地。

　　随后,考察大盈江河床变化。1979年浑水沟治理以来,汇口以下大盈江河床巨变,河水归槽,河槽稳定,河床下切,汇口处切深达7米。汇口至丙汉大桥河段的河槽内巨砾累累,两侧沙田连片(照片8-1,8-2),"江声已尽英雄恨",不枉此生。路过盈江县城附近的大盈江拉户链大桥时,我又下车看了看河床的变化,河床砾石似有变粗,5年前蚕豆大小,现乒乓球大小。我记得,原盈江县水利局被称为"水鬼"的王利君同志说过,20世纪60年代拉户链大桥附近的大盈江为沙质河床,由于浑水沟泥石流下泄,70年代逐渐出现小砾石;由于浑水沟治理,泥沙下泄减少,90年代后又恢复为原沙质河床。21世纪以来,该段河床又出现粗化现象,可能是切到老河床的缘故。大盈江是难得的"泥石流治理对主河河床演化影响"的案例研究宝地。

　　"科学仍须上层楼",回成都后,我和崔鹏院士和欧国强研究员谈了我的想法,希望他们能组织力量在浑水沟和大盈江开展以上三方面的相关研究。

20. 化解四川宁南石洛沟7·7泥石流引起的矛盾

　　2006年7月7日,四川省凉山彝族自治州宁南县石洛沟发生灾害性泥石流,流域内有铅锌矿,县城附近披砂镇的4个村、2 150户、8 397人受灾。农田、灌溉沟渠、公路、村镇供水设施损毁严重,直接经济损失1 067万元。可能是我验收过宁南的"长江上游水土保持重点防治"工程,对我比较"放心"的缘故,宁南县水利局代表

照片6 梯级坝之间泥石流滩地上的植被

照片7 Ⅵ号坝的坝库淤积全貌

照片8-1 大盈江下切河床及新垦农田

照片8-2 丙汉大桥桥墩显示大盈江河床下切

县政府请我前去调查此次泥石流发生原因,提出防治意见。

我知道这肯定是一件棘手的事,泥石流的发生可能和开矿有关,群众要"闹事"。我和州、县水利局的同志比较熟悉,禁不住他们一再要求帮忙,2006年8月2日到了宁南县。果然不出所料,群众认为石洛沟7·7泥石流是山上开矿引起的,要巨额赔偿。该县政府的意见是,"好不容易刚请来国有控股的云南驰宏锌锗股份有限公司,还没有开矿就遇到这件麻烦事,我们想尽量把公司挽留下来"。

我调查过多起矿山开采诱发泥石流的事,如1970年的冕宁县泸沽镇盐井沟村和1971年冕宁县泸沽镇新铁沟村泥石流都和泸沽铁矿有关。此类泥石流的发生机制是,弃渣边坡稳定性差,遇到特大暴雨,极易于发生滑塌,而后形成坡面泥石流进入沟道,掏蚀沟床堆积物,形成灾害性泥石流。7·7泥石流是暴雨导致矿山部分新建公路边坡失稳,该场泥石流的发生机制与上述的泥石流发生机制大致相同,现场实地调查的结果和我的预想一致。此次泥石流总产沙量约 14.3 万 m^3,其中沟床堆积物提供的固体物质占80%以上。我也为新接手矿山的驰宏公司叫冤。以前的个体矿山老板未经批准,加宽、延长了原矿区公路,开挖土石方量达 4 万余m^3。驰宏公司认识到新修公路可能会引起严重的水土流失和地质灾害,2006 年 4 月接手后即开始沟道和公路边坡的治理工作,拟修建 3 个拦沙坝和 2 个挡墙。6 月初,实际完成 2 个拦沙坝和 2 个挡墙。2 个挡墙在"7·7"泥石流中遭毁坏,2 个拦沙坝虽淤满但未毁坏,拦截了部分泥沙。驰宏公司的人说,他们还没有采矿,就遇到这样的麻烦事,不想干了。我知道,县上极力挽留这个公司,想借此振兴地方经济,增加财政收入。

这个报告怎么写?既要实事求是,又要处理好群众、企业和政府的关系。报告将石洛沟7·7泥石流定位为自然灾害,分析了泥石流发生的基本成因和诱发因素,同时,提出了治理方案。泥石流发生的基本原因是:该沟山清水秀,流域内未见大规模活动性滑坡、崩塌,沟道深切于含巨砾的泥石流沉积物台地内,为一条典型的低频率泥石流沟。该沟百余年来未发生泥石流,沟床松散固体物质已有多年积累,只要有特大暴雨和其他原因的诱发,就有可能暴发大型或特大型泥石流。诱发原因则是暴雨、开矿、植被破坏和矿山公路。我报告初稿的诱发原因顺序是:矿山公路、暴雨、开矿和植被破坏。县委书记听完汇报后,要求将矿山公路放到后面,我同意了。报告建议在伍白和后山电站位置修建拦沙坝,以拦蓄泥石流,消除或减轻泥石流对下游的危害。我用该沟历史上曾经发生过大型泥石流和此次泥石流固体物质主要来源于沟床堆积物的事实,说明这是一场自然灾害的观点,得到了群众的认同。群众强烈要求尽快实施报告中提出的修建拦沙坝,防治泥石流的方案。

2007 年雨季到来之前,后山电站处高 12 m 的拦沙坝建成(我所王士革研究员设计,驰宏公司投资),彻底解除了石洛沟泥石流隐患。我后来数次路过宁南,看了拦沙坝,效果很好;问了群众,他们都感到非常满意。县上热情接待时对我说,"张教授,你做了件群众、公司和政府都满意的大好事,后山电站机组还增加了 100 千瓦的发电量"。2016 年回访宁南县时得知,当时公安局等着抓人,我们将石洛沟泥石流定为自然灾害才没有抓,救了这几个人。

(三)新西兰土流

21. 半年的磨合,确定了土流研究方向

得益于邓小平的改革开放政策,20 世纪 80 年代国家派遣大批科研人员出国学习,我也于 1983 年 5 月公费赴新西兰森林研究所学习。当时是自己联系出国单位,但科研人员对国外情况了解得很少,找单位往往是"瞎猫逮老鼠"。我看到新西兰森林所 Pearce 先生的一篇有关泥石流的文章,和他一联系就成功了。新西兰出国前,老所长丁锡祉先生写了一封信要我到北京找刘东生先生。我到北京找到刘先生,他问了一下我的情况,要我第二天再去。我第二天去后,他写好了一封给当时的国际第四纪委员会主席(坎特布雷大学地理系系主任)的一封信,要我去找她。我到森林所的第一天上午,和副所长兼水文地质研究室主任 Colin 先生见了面。他问我"你为什么选择新西兰这样的小国家",我不知如何回答,就反

问他："你们为什么接受我?"他说:"我们对美国、加拿大和欧洲很
了解,对俄罗斯和中国不了解。这两个大国一定发生了很多事情,
只要是俄罗斯和中国的科学家,我们都接受。通过你,我们可以了
解整个中国"。我回答道:"新西兰是一个小国,不可能什么都自己
研究,不得不吸收全世界的先进科学技术,我到了新西兰,等于到
了全世界。"这番外交辞令的对话,双方都很满意。

Colin 和 Pearce 先生首先让我了解水文地质研究室的研究工
作,带我参观了所有的野外研究基地。通过一段时间的接触,他们
对我以前的研究工作和研究能力有所了解,要我开展新西兰北岛
曼加图(Mangatu)林区 Tandale Slip 沟泥石流的研究,利用中国的
经验编制该沟的治理方案。该沟是当地一条臭名昭著的高频率泥
石流沟,流域面积不到 1 km^2,沟内滑坡活动强烈,和浑水沟一样年
年发生几十次黏性泥石流。我花了近半年的时间,对该沟进行了
详细的调查研究,编制了泥石流治理工程方案。他们对方案非常
满意,要求我再编制 No. 112 沟的泥石流治理方案。我在新西兰待
了半年,对新西兰的国情有所了解,新西兰地广人稀,一般不可能
采用工程措施治理泥石流。我说:"你们国家不会采用工程措施治
理曼加图林区的泥石流,我不想再搞泥石流治理规划了"。他们
说:"你可否研究曼加图林区的 earth flow(土流)或西海岸的 Ava-
lanche(崩塌流)。"西海岸的蠓蚊(Sun fly)太厉害,我选择了曼加
图林区的土流作为我今后的研究方向。

新西兰森林研究所就在坎特布雷大学校园内,我去见了坎特
布雷大学地理系系主任。她对我非常热情,看了刘先生的信,了解
了我在森林研究所的工作,她欢迎我结合森林研究所的研究工作,
在地理系攻读博士学位。森林研究所也非常支持我攻读地理系的
博士学位,愿意承担有关费用,并帮我进行了联系。我就此事请示
了所领导,未获批准,只好作罢。我告知她,我的中国研究所不同

意我攻读博士学位,她很不理解,我也就不好意思再找她了。

22.用冰川运动理论解释土流位移

　　土流是气候潮湿地区黏性土坡地常见的一种土体运动形式。曼加图林区的土流多发生于坡度10°左右的坡地,土体厚度2~8 m不等,黏粒含量高达30%。土流每年向下缓慢运动,其表面流动构造明显,边界侧壁滑动面清晰(照片9)。曼加图林区土流的地表位移速度造林前一般每年数米,成林后仅几厘米至十几厘米。森林所开展了土流运动和森林稳定土流机理的研究,用全站仪监测面积5 ha 的 Dome 土流的地表位移,1 年 4 次。我接手土流的研究后,Pearce 先生将 5 年的地表位移资料给了我。

照片9　新西兰北岛曼加图林区的土流

　　Pearce 先生等人已经对 Dome 土流的位移资料进行了分析,得出土流位移和降水关系密切的结论:雨季活动,旱季稳定;降水量大的年份位移量大,降水量小的年份位移量小。我仔细分析位移资料后,发现土流中部运动快,边部慢(图10),但都是同步运动,要快一起快,要慢一起慢,用流动机制难以解释。土流没有专著,相关文献也不多,我查阅后没有找到解释这一现象的线索。我想到土流表面的流动构造和冰川相似,冰川的研究比较深入,"他山之石,可以攻玉",有可能从冰川的专著和文献中找到有价值的线索。

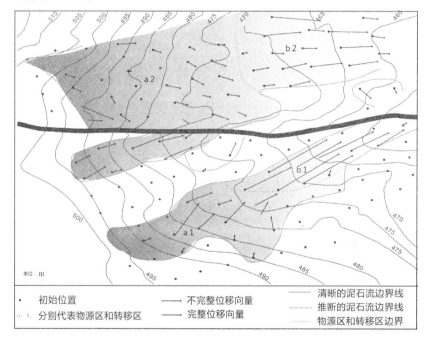

图10　土流位移空间分布

我到大学图书馆借到 Paterson 的 *The Physics of Glaciers* 一书(冰川物理),书中用运动波(kinematic wave)理论解释了冰川中隆起(surge)的运动速度大于冰川流速的现象对我启发很大。冰川是牛顿体,隆起运动的速度是冰川流速的 3 倍;土体属于非牛顿体,隆起的运动速度可能是土体运动速度的数十倍以上。运动波理论可以圆满解释不同部位土流同步运动的现象,表明土流不仅存在流动,还存在滑动。根据这一认识,我撰写了 *Surface movement in an earthflow complex*, *Raaukumara Peninsula*, *New Zealand* 一文,投稿 *Geomorphology*,审稿人告知,加拿大的 Iverson 刚发表的文章已经提到土流的运动波,要参考他的文章修改。我不得不对我的文章作重大修改后发表,慢了半拍! 可能是森林所的领导通过此事,对我的科研能力有所认识,1984 年起聘我为地学科学家(earth scientist),工资不低,但税率高达 33% 。

23. 发明电解质溶液式测斜仪

查明流速垂直分布梯度是土流机理研究的基础工作,测定地下位移一直是土流研究的难题。当时土流地下位移的测定方法主要有埋桩法和钟摆式测斜仪(Inclinometer) 法两种。埋桩法,打钻或挖坑将数根短桩垂直埋置于不同深度的土体内,一段时间后挖开剖面,测定各个短桩的倾斜角度,求算土流不同深度的位移量。这种方法的缺点,一是深度有限,一般不超过 3 m,二是不能测定位移的时间变化。测斜仪法,就是测定钻孔倾斜的常用方法。打钻垂直埋置套管,将测斜仪放入套管内测定套管的倾斜,求算土流不同深度的位移量。新西兰有人采用过测斜仪法测定土流的地下位移,发现土流土体如同黏稠的泥浆,易于流动,铝或塑料套管的倾斜难以真实反映泥浆状土体的变形。

"要过河,必须解决桥或船的问题"。我不得不自己研制测定土流地下位移的仪器。钟摆式测斜仪依据的是锤线垂直的原理,根据电阻变化计算倾斜角度的变化,是否可以另辟蹊径? 我回想起"大跃进"期间农村修渠道的电影中有用碗装水作水准仪的镜头,可否根据水面永远是水平的原理,发明一种仪器,根据电导变化计算倾斜角度的变化? 于是,我发明了电解质溶液式测斜仪

（Electrolitic tiltmeter）。该仪器由探头（为 1 个绝缘容器,装有 4 个十字分布的、半插入溶液中的测斜电极）、1 个基电极及 1 个温度电极（电极是碳棒）组成。探头一旦发生倾斜,测斜电极插入水中的深度就会发生变化,电极和基电极之间的电导也随之变化;利用在实验室标定好电导和探头倾斜角度的关系,通过测斜电极与基电极之间的电导变化计算倾斜量;通过 4 个测斜电极倾斜量的变化,还可以求算探头的倾斜方位（图 11）。通过打钻在土流不同的深度埋置探头,每个探头的电极用导线联到地表,定期用数字式电导仪测定不同深度 4 个测斜电极、温度电极与基电极之间的电导变化,就可以得知每个探头的倾斜角度和方位,计算出土流不同深度的地下位移量。每个探头长 40 cm,可以很好地随土流的变形而倾斜,克服了钟摆式测斜仪用套管的缺点。我向新西兰同事谈了我的设想,大家都感到很有道理,研究室安排了一位技术员协助我研制仪器。

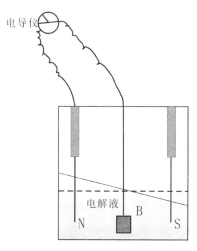

图 11　电解质溶液式测斜仪机理示意图

电解质溶液式探头的研制失败了两次,第三次才取得成功。

第一次我们用塑料瓶作探头容器,用电池碳棒作电极,做了5个探头,打钻埋到土流中,半个月后去测量,探头坏了。把土挖开一看,塑料瓶被土流挤扁了,于是回去重做。为了防止容器变形和挤压破坏,我们用咖啡玻璃瓶作探头容器,用木板作瓶盖,碳棒电极装在瓶盖上,瓶盖和瓶口用环氧树脂密封,最后将做好的探头蜡封于长40 cm 的 PVC 套管内。我们做了5个,埋到土流中,半个月测量一次,共测了3个月,测定的电导变化可以反映土流的地下位移,方法是可行的。但也发现电导持续不断的缓慢升高的问题,百思不得其解,我便向坎特布雷大学的物理系老师请教。他详细询问了探头制作、安装和测量的过程后说,可能是环氧树脂中的盐分通过瓶内的潮湿空气不断溶解到溶液中的缘故,建议我们用硅胶封口。我们用硅胶封口又做了5个,埋到土流中,经过3个月的测定,效果很理想,仪器的研制终于取得了成功。我写了 *A low - cost electrolytic tiltmeter for measuring slope defromation* 一文,发表于 *Geotechnical testing journal*。

24. 解决了土流流动与滑动的争论

电解质溶液式测斜仪研制成功后,我在森林所贴了一个布告,请大家捐献咖啡玻璃瓶,得到热烈的响应,朋友们共捐献了100多个。探头制作、标定完成后,正式埋设到曼加图林区的 Whether - Run 土流中,结合地表位移观测,雨季每个星期一次,旱季一个月一次测定测斜仪电导的变化。观测的主要目的,是查明土流的流速垂直分布梯度,解决长期以来土流运动是以流动还是滑动为主的争论。

为了验证仪器的可信度,1986年1月我和我的同事将埋设了一年的一个孔上部的4个探头开挖出来,直接量测探头的实际倾角,并和仪器测定值进行了比较,最大误差为12.6%(照片10)。

开挖前,我将测斜仪的倾斜计算值交给了室主任 Pearce 先生,野外由 Dr. Marden 量测和记录探头的实际倾斜角度。我进行此次验证的主要目的,是让外国科学家了解中国科学家治学的严谨态度。

照片 10　开挖验证测斜仪探头的倾斜角度

4 个孔 2 年的地表和地下位移资料表明,沿底部滑动面滑动位移量占地表位移量的 75%(图 12)。研究得出的曼加图林区的土流运动以滑动为主,流动为辅的结论,解决了长期以来的争论。1988 年 10 月,我又回森林所进行了半年的研究,分析资料,撰写的论文 *Internal deformation of a fast - moving earthflow, Raukumara Peninsula, New Zealand* 在 *Geomorphology* 上发表。研究获得的土流地表位移速度和位移速率的深度分布梯度等基础数据,仍在新西兰得到广泛引用。

25. 提出了树根网稳定土流的机制

造林后,曼加图地区土流的地表位移量从一年几米减少到一年几厘米至几十厘米。除森林蒸腾耗水外,根系固土也认为是稳定土流的重要机制。Colin 先生告诉我,他们以前认为树根插到

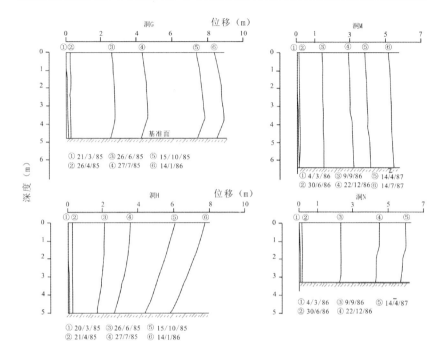

图 12 土流位移的深度分布

几米厚的土流之下,像钉子一样把土流铆住了,但后来的根系研究表明,土流坡地的潜水位很高,根系主要分布于0.5 m厚的表土层内,深度1.0 m以下的土层基本无根系分布,显然,钉子理论不成立。

我在Whether-Run土流沿顺坡方向一共布设了4个监测孔。分析位移深度分布曲线时发现,位于平顺坡的孔M和N,位移深度分布曲线基本垂直;位于凸型坡的孔H的曲线为弓形;位于凹型坡的孔G的曲线呈单倾状(图13),这些现象如何解释呢?联想到《冰川物理学》介绍的"凸型坡部位的冰川为张性流,凹型坡部位为压型流",问题迎刃而解,土流凸型坡部位为张应力区,凹型坡部位为压应力区。我参加过森林所同事的土流坡地的根系野外测定

工作,了解土流坡地根系分布的特点。根系主要分布于厚0.5 m
的表层土内,相邻树木的树根互相穿插,在土流表面形成了一个盘
根错节的树根网(照片11、12)。土流表层的树根网如何影响下伏
土流的稳定? 我又到图书馆借了与锚固网有关的书,弄懂了机理
后,提出了"森林稳定土流的树根生物网理论"。树根网的抗拉强
度大于凸型坡部位的土流张应力时,在不破坏树根网的条件下,土
流只能缓慢变形位移。树根网是活的生物网,允许微小的变形,因
此林地土流每年仍有几厘米至十几厘米的位移。如土流凸型坡处
的张应力大于树根生物网的抗拉强度,树根网被撕裂,土流恢复无
束缚的自由运动。

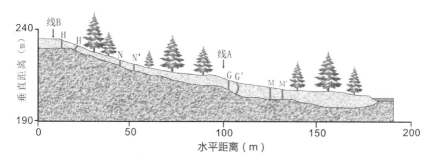

图13 Whether-Run 土流不同部位4个孔的位移深度分布曲线

后来,受黄河冰凌堵河形成凌汛的启发,又提出了"土垡稳定土
流的机理"。土流有流动性,如同河流一样向下流动,林地土流厚
0.5~1.0 m的表土层树根盘根错节,几棵树或几十棵树可以连在
一起形成大的土垡。由于水分被树木吸收,表层土土壤干燥,这些
土垡多为坚硬的干土垡。土垡随土流向下运动,在下游窄口处拥
堵成坝,阻碍上游土流流动,也起到稳定土流的作用。我撰写的论
文 *A comparison of earthflow movement mechanisms on forested and
grassed slopes, Rukumara Peninsula, North Island, New Zealand* 在 *Ge-*

照片11 辐射松根系主要
分布于土流表层上

照片12 土流表层盘根错节的土垡

omorphology 上发表。

我的科研素质给新西兰森林研究所同事和森林部官员留下了深刻的印象。Pearce 先生(后任森林所所长和新西兰土地保护研究中心主任)和我聊天时说:"我见过不少中国科学家,中国科学家的特点是专而窄,没见过知识面像你这样宽的中国科学家,你的知识面比我们都要宽"。1986 年我回国前,森林研究所为我在 christchurch 最大的中国餐厅(大中华酒家)举办了送别宴会,宴会上,研究所所长 Colin 先生说,他对我有两个 surprising:"一是文化,你很快融入了我们的社会;二是研究工作,我很快就发现你能够独立工作,因此让你主持土流研究,果然取得了卓越的成绩"。新西兰林业部长彼得·塔普赛尔先生说:"新西兰将向中国学习防止碎石滑坡技术……,中国同新西兰的林业方面的技术交流是从 1983 年开始的,中国关于治理滑坡的技术已被新西兰北岛东海岸曼加图林区所采用"(新华社惠灵顿 1990.1.9 电,1990.1.10,光明日报第 4 版)。

（四）其他

26.泥石流极限流速

我在新西兰不时也看看泥石流的一些文献,想想泥石流的一些问题。两篇有关高速泥石流的文章,引起了我对泥石流流速问题的思考。1970.5.31,秘鲁瓦斯卡兰山 5 500 ~ 6 400 m 处山体发生崩塌,大约 0.5 亿 ~ 1.0 亿 m^3 土石垮入沟谷,以每秒 80 ~ 90 m 的流速向下流动,掩埋了杨基城和城内的 18 000 人。泥石流汇入奥沙拓主河后,继续流动到太平洋,全长 160 km。1881 年,瑞士埃瓦姆采石场发生小型岩石滑坡,几分钟后,采石场上方山体突然崩垮,转化为流体,直冲沟谷对岸,然后顺沟而下,流动长度达 31.5 km,流速 42 m/s,泥石流总体积约 1 000 万 m^3。我回想起国内也有类似的高速泥石流,如四川南江白梅垭滑坡泥石流。据李天池等报道,1974.9.13 四川南江白梅垭沟源头灰岩山地体积约 700 万 m^3 的大滑坡突然下滑,"滑体滑出滑床之后,即抛出撞向左侧沟坡,尔后折转撞向右前方山坡,在撞击滑动过程中,不仅滑体破碎,而且铲刮了沟谷底部和两侧山坡上的泥土;然后,泥石流沿坡度 15% 的沟谷前进约 3.5 km,沟床松散堆积物被泥石流侵蚀殆尽,基岩裸露,表面光滑;最后,泥石流停积于宽谷中。"泥石流总体积约 1 000 万 m^3。平均流速 29.5 m/s,最大流速 59 m/s。一些研究者提出了气垫说,用以解释高速泥石流的运动机理。

我们在浑水沟搞了 5 年的泥石流观测,泥石流实测流速大多介于 4 ~ 7 m/s,最大流速 12 m/s;东川蒋家沟实测泥石流流速多介于 3 ~ 7 m/s,最大流速 17 m/s;曾思伟在甘肃武都实测的泥石流流速也和以上两沟相仿。据报道,世界上绝大部分泥石流沟的泥石流流速也多低于 10 m/s。为什么这些沟的泥石流最大流速就是每秒十几米而高不上去呢? 我注意到李天池等报道白梅垭沟泥石流描述的"沟床松散堆积物被泥石流侵蚀殆尽,基岩裸露,表面光滑",也回想起以前考察过的一些低频率泥石流沟,如 1971 年的四川冕宁汉罗沟和 1978 年的四川雅安陆王沟,与南江白梅垭沟一样,中上游沟床松散堆积物被泥石流侵蚀殆尽,基岩裸露。我们调查低频率泥石流沟时,也常听到当地群众说,"泥石流流得和风一样快",但没有流速证据。浑水沟和蒋家沟的泥石流沟床为泥石流堆积物组成的沙砾质沟床。沟床物质组成的不同,可能是这两类泥石流极限流速差别很大的主要原因,我于是提出了沟床物质抗剪强度控制泥石流极限流速的假说。

沟床抗剪强度控制泥石流极限流速的机理是:当泥石流体的床面剪切应力 τ 大于沟床抗剪强度(τ_f)时,泥石流侵蚀沟床物质,消耗能量,泥石流流速达到极限。泥石流沟的沟床抗剪强度高,如基岩沟床,可发生高速泥石流,为高极限流速泥石流沟;抗剪强度低,如松散堆积物沟床,不可能发生高速泥石流,为低极限流速泥石流沟。

27."区域斜坡稳定性"的引进与应用

1983 年出国之前,我参加过四川安宁河、流沙河和云南大盈江流域等多地的泥石流调查。调查中,我们将历史上发生过泥石流的沟称为泥石流沟,并填表统计。鉴别历史上已发生过泥石流的沟谷较为容易,其他沟谷是否是泥石流沟往往难以确定。我当时就对这种调查统计方法的科学性有所怀疑,因这两类沟的地质、地貌等环境条件和沟口堆积扇往往无甚差别。如果将这些沟谷全部定为泥石流沟,流域内的泥石流沟太多了,若不定为泥石流沟,则不能保证以后不会发生泥石流。

我涉足新西兰北岛曼加图林区的泥石流和土流研究工作后，拜读了新西兰坎特伯雷大学地质系的《曼加图地区的地形稳定》报告（Terrain Stability in Mangatu）。报告前言中对改变调查方法的说明，给我留下了深刻的印象。他们起初也采取逐个滑坡、逐条土流和泥石流沟统计的调查方法，但很快发现这种方法不科学也不适用，列举的理由是：滑坡、土流和泥石流沟有大有小，有活动的有不活动的，滑坡和土流往往成群出现，数目难以准确统计。他们后来摈弃了这种统计调查方法，在重力侵蚀类型、规模、活动性与相关工程地质条件详细分析的基础上，编制了《曼加图地区地形稳定性图》，该图科学实用，很有道理。

1986年回国后，我承担了国家"七五"攻关项目《黄土高原综合考察》中土壤侵蚀课题的重力侵蚀的专题。该专题的主要任务是查明黄土高原重力侵蚀的区域分布特征和产沙贡献。技术路线的争论很大，参加单位甘肃省地质灾害研究所的靳泽先工程师，坚持采用逐个滑坡调查统计的方法。我认为30万元的一个专题，不可能在几十万平方公里的黄土高原进行逐个滑坡调查统计。受新西兰《曼加图地区地形稳定性》报告的启发，我提出了"区域斜坡稳定性"的技术路线。黄土高原重力侵蚀主要发生于谷坡，而谷坡的稳定性主要取决于地形高差和岩性，我根据谷坡高度和沟谷密度绘制了地形因子值图，再结合不同岩性组合岩土的强度，编制了黄土高原重力侵蚀强度分布图。此图和黄河中游输沙模数图基本吻合，间接说明了重力侵蚀是黄河中游泥沙的重要来源。

1988年，新成立的云南省地理所和成都山地所共同承担了云南省"七五"攻关项目《云南省滑坡泥石流灾害研究》。该项目旨在查明云南省滑坡泥石流灾害分布规律，提出防治对策建议。云南省地理所点名要与我合作,希望我能把云南省地理所的年轻同志带一带。区域斜坡稳定性也自然成为此项目的科学思路。我首先根据地质、地形、自然植被等自然条件编制区域斜坡稳定性图,然后叠加人为活动因子编制《滑坡泥石流活动程度图》和进行云南省滑坡泥石流分区。该图与根据实际调查和历史统计资料编制的《云南省滑坡泥石流灾害图》相当吻合。云南省地理所后来利用《滑坡泥石流活动程度图》,结合年度气象预测资料,预测来年的全省滑坡泥石流灾害预测结果,上报云南省人民政府,作为部署全省防灾减灾的重要参考资料。2001 年,我所陈国阶先生编著《中国山区发展报告》一书,我编写其中的"中国山区灾害"一章时,绘制了《中国区域斜坡稳定性略图》(图 14)。2013 年,水利部在编写土壤侵蚀危险度标准时,将此图改名为《中国重力侵蚀易发性略图》。

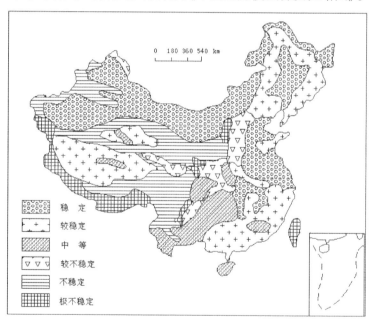

图 14 中国区域斜坡稳定性略图

28. 崩岗失稳的岩石风化膨胀机理

崩岗是厚层风化壳发育的华南花岗岩丘陵区常见的一种地质灾害,由"崩口"和崩口下方的冲沟组成。前人多用普通的边坡失稳和冲沟发育的机理解释崩岗的发生与演化,但我感到这种解释难以令人信服,因为崩岗很少发生于其他岩土组成的坡地。2005年我有幸赴江西、湖南调研南方水土保持,有意识地考察了一些崩岗,受英国斯肯普敦教授的超压密岩土边坡失稳机理启发,提出了崩岗失稳的岩石风化膨胀机理。

斯肯普敦提出的超压密岩土边坡失稳机理的故事给我留下了深刻的印象。20世纪50年代,英国伦敦附近的一些公路建成10~20年后边坡相继失稳,失稳边坡岩土均为第三系半成岩伦敦黏土。斯肯普敦教授提出了超压密岩土边坡失稳理论,很好地解释了这一现象。黏土或亚黏土半成岩地层成岩过程中,在上覆巨厚岩土的压力下,沉积泥沙逐渐压密,泥沙颗粒间的孔隙闭合,孔隙内的水分排出。半成岩地层泥沙颗粒间主要为接触胶结,尚未完全成岩。公路边坡开挖后,边坡黏土上覆压力减小,岩层中压密的泥沙如同除去压力的弹簧,松弛膨胀。压密泥沙的松弛膨胀需要闭合孔隙的扩大,孔隙扩大势必产生负压,孔隙一旦贯通,空气进入,负压消失。孔隙负压对边坡岩土抗剪强度的影响可用下式表达:

$$\tau = C + (P + P_f)\tan\alpha$$

式中:τ——抗剪强度(kg/cm^2);

C——内聚力(kg/cm^2);

P——正压力(kg/cm^2);

P_f——孔隙负压力(kg/cm^2);

α ——内摩擦角($°$)。

孔隙负压提高了岩土的抗剪强度,开挖的岩土边坡,在相当长的一段时间内能保持稳定。随着时间的推移,边坡岩土裂隙逐渐发育,切穿颗粒间的孔隙,随着空气和水分的进入,孔隙负压消失,抗剪强度降低。当边坡岩土体裂隙发育,导致孔隙负压消失、抗剪强度降低到一定程度时,公路边坡突然失稳。

花岗岩风化壳不同于碎屑岩成岩压实形成的超压密岩土,而是岩石风化膨胀形成的超压密岩土。在长期的热带亚热带气候条件下,花岗岩风化强烈,致密完整的花岗岩风化成为沙、土碎屑的结合体,由于碎屑颗粒粒间孔隙的出现,风化岩土体积增大,发生膨胀。中下部风化壳中下部岩土由于上覆土层压力,风化碎屑颗粒间的孔隙不能自由舒展,处于压闭状态,存在膨胀应力,深度愈大,膨胀应力愈大。一旦风化壳坡地被冲沟切开,陡立边坡下部的风化壳岩土强度小于下部岩土的膨胀应力时,会导致坡体突然失稳而发生崩塌(类似于坑道的岩爆)。福建省水保局的阮伏水也已认识到崩岗边坡的失稳与地应力的释放有关,但没有认识到"地应力"和花岗岩风化成土膨胀的关系。花岗岩中易风化的长石的含量远高于砂页岩、变质岩等其他岩类,因此,崩岗侵蚀主要分布于花岗岩分布区。我对该问题详细论述的文章,刊登于《中国水土保持》2005 年第 7 期上,论文题目是《崩岗边坡失稳的岩石风化膨胀机理探讨》。

后来我又将"超压密岩土边坡失稳理论"用以解释 2010 年 6 月 28 日的贵州关岭布依族苗族自治县岗乌镇大寨村重大滑坡灾害。两次赴现场实地考察后,我提出用该理论来解释此次重大滑坡灾害突然发生的合理性,并在《山地学报》2011 年第 2 期发表了《贵州关岭"6·28"特大滑坡特征和成因机理》一文的商榷的文章,对上述观点进行了必要的阐述和分析。

二、核示踪与侵蚀泥沙

（一）核示踪技术的基础研究

29. 决心回国开展土壤侵蚀的 ^{137}Cs 法示踪研究

1985—1986 年,我在新西兰看到美国和加拿大的有关 ^{137}Cs法测定土壤侵蚀量的两篇文章。文章介绍了这一方法的基本原理: ^{137}Cs(铯)是 20 世纪 50~70 年代大气层核试验产生的核尘埃,主要随降雨沉降到地面,即被表层土壤强烈吸附,基本不被植物摄取和淋溶流失。沉降到地面的 ^{137}Cs 主要伴随土壤、泥沙颗粒的物理运动而迁移,因此,通过侵蚀土壤的 ^{137}Cs 流失量,可以求算土壤的流失量。这一技术能解决无实测资料地区的土壤侵蚀模数的测定问题,我感到很适合中国,产生了回国开展此项研究的念头。我也思考了回国后的工作计划:黄土颗粒细,质地均匀,最适合这种技术的应用,先开展黄土高原的工作,取得经验后再应用到其他地区。

我在新西兰森林研究所工作了近 3 年,已经申请延迟了一年。1986 年初,我不得不对"回国还是留在新西兰"做出抉择,我当时的思想斗争相当激烈。新西兰生活、工作环境好,土流研究也上了路;工资高,一天的工资比我在国内一个月的工资还多。我也知道,森林研究所希望我留下继续开展土流研究,曼加图林区的

Whether – Run 土流还需要 1 年的观测资料才好写文章,所长 Colin 先生和我谈过,希望我下一步开展土流的应力 – 应变研究。

留在新西兰,虽然生活优越,工作顺利,但精神要受折磨。我可能受中国传统文化"一臣不能伺二主"的影响太深,毕竟这是对不起国家的事。我在新西兰 3 年,再三动员妻子来新西兰探亲,她说不懂英语坚决不来,"糟糠之妻不可抛",想到母亲的辛酸人生,我不忍心。在新西兰待了 3 年,对新西兰老人的寂寞也深有感触。我这里讲一个真实的故事:我的研究所在南岛 Christchurch,野外基地在北岛 Gisbon 的曼加图林区,我每个月飞 Gisbone 一次,都是下午的班次。我每次到机场都会见到一对老夫妇,当时华人很少,见的次数多了,他们也认识我了。有一次飞机晚点,我去和老夫妇聊天,问他们:"我每次到机场,都看到你们在这儿,你们来干什么?"他们说:"我们每天下午都来机场,来看人。"好凄惨,新西兰不是老人待的地方!

回国,虽然生活艰苦,研究条件差,但没有以上的精神折磨。我也想到回国后可能遇到的种种政治、工作和生活上困难,但想到历史上的"忠臣"和 1956 年的"右派",我做好了充分的思想准备,最坏也不过像"右派"杜明达先生。我决定回国开展土壤侵蚀的 ^{137}Cs 法研究,请新西兰同事帮忙继续 Whether – Run 的土流观测,为我以后回来分析资料、撰写文章作准备。新西兰的同事担心我回国后政治上会遇到麻烦,叮咛道:"如遇到麻烦,ask for help。"我回道:"我的祖国,不会有什么麻烦。"1986 年 4 月,我回到了阔别已久的祖国。

回国后不久的一天,当时是刘东生先生研究生的丁仲礼(现中国科学院副院长)来到我的办公室,说"刘先生到成都来了,找你谈话"。我去了刘先生处,刘先生问了我在新西兰和所里的情况,然后说"你跟我到北京,或者到西安"。我说"我夫人是四川人,她不想离开成都,我想到黄土高原开展土壤侵蚀的^{137}Cs法研究"。他说,"那你就到西安黄土研究室安芷生那里当客座"。就这样,我成了西安黄土室的客座。

吴积善所长要我到东川站去,仍旧搞泥石流,我说我要到黄土高原搞^{137}Cs。当时我所争取到"七五"攻关项目"黄土高原综合科学考察"的"重力侵蚀"专题,他拗不过我,就让我承担这个专题了。我在完成重力侵蚀研究任务的同时,如愿以偿地搞起了^{137}Cs。当然,也有不顺心的事。1986年评副研究员,我打了申请报告,满以为没有问题。我在1979年获得了云南省科技进步奖一等奖(我所首次获此级别奖项),排名第一,被评为助理研究员,我在新西兰的工作有目共睹。所人事处告知,我在新西兰期间领取了国外工资,工龄不能算,因此评为助理研究员后工作时间不满5年,资格不够。我只能笑笑,因我回国时已有思想准备,什么也没有说。想想杜明达的冤屈,这算什么。

30. 旗开得胜,诞生中国报道的第一个^{137}Cs本底值

1986年回国不久,我即赴黄土高原考察,遵刘东生先生之嘱,我到西安黄土室作了"侵蚀泥沙^{137}Cs示踪研究的国外进展"报告,和安芷生先生谈了今后工作打算,安先生非常支持,给了我1.8万元黄土室基金作为启动经费。

考察过程中,我在陕北分别采集了草地、耕地表层土壤和窑洞洞壁黄土的土样各3个。四川大学物理系有测试^{137}Cs的γ能谱仪,他们非常支持我的工作,免费测试。测试结果令人满意,窑洞土样没有^{137}Cs检出,草地和耕地表层土壤的平均^{137}Cs含量分别15.2 Bq/kg和4.3 Bq/kg。

黄土高原科考队每年冬天有一个年会,除了重力侵蚀的必然动作外,我还汇报了^{137}Cs的初步测试结果和下一步工作的设想。

综考队队长张有实、土壤侵蚀课题组组长唐克丽和副组长陈永宗等都支持我开展侵蚀泥沙的^{137}Cs示踪研究。陈永宗先生告知我，他们1987年4月去山西省离石水土保持站的王家沟取样，邀请我参加。

我如约赴王家沟取样。王家沟内的羊道沟是一条未治理的对比沟，流域面积0.206 km^2，水保站有多年的径流泥沙观测资料，沟内有一道闷葫芦淤地坝，是非常理想的案例研究沟。我采集了沟间地坡耕地、沟谷地裸坡、耕作土和淤地坝沉积泥沙样品，^{137}Cs含量分别为2.97 Bq/kg、0 Bq/kg和0.74 Bq/kg。沟谷地裸坡土壤不含^{137}Cs，通过沟间地耕作土与淤地坝沉积泥沙^{137}Cs含量的对比，计算出沟谷地和沟间地的相对产沙量分别为75%和25%，显然泥沙主要来源于沟谷地。旗开得胜。我还采集了^{137}Cs本底值的土样，当地没有无侵蚀的草地，我找了一块1958年修建的老梯地，测得的^{137}Cs本底值是2 009 Bq/m^2，此值是中国报道的第一个^{137}Cs本底值。令我自豪的是，国内外专家后来的研究表明，此值是可靠的。

我给新西兰朋友Pearce先生去了信，告知他我在中国开展侵蚀泥沙的^{137}Cs示踪研究的情况，希望他能帮助我联系相关的国外同行（新西兰当时还没有开展相关研究）。他推荐我和英国Exter大学的Prof. Walling联系。Prof. Walling是世界著名的泥沙研究专家，北京国际侵蚀泥沙培训中心的顾问。我给他写了信，他和我约定1987年10月在北京香山的国际泥沙会议上商谈合作事宜。见面后，我们谈得很好，他非常愿意帮助我在中国开展此项研究，双方约定：他派他的研究生到中国来取样，样品在英国测试；他邀请我去英国分析数据，撰写文章。我的国际合作渠道打通了，受益匪浅。几十年来，我们一直非常愉快地合作着，成了学术上的忠实朋友，建立了深厚的友谊。

31. 计算农耕地侵蚀量的 ^{137}Cs 质量平衡简化模型

1987 年在羊道沟采集了 4 个梁峁坡农耕地土壤剖面的样品，获得了这 4 个土壤剖面的 ^{137}Cs 深度分布和 ^{137}Cs 面积活度资料，但用什么公式计算土壤侵蚀量呢？根据 ^{137}Cs 逐年沉降量、衰变速率、犁耕混合作用和土壤流失过程，加拿大的 Kachanoski 和 De Jong 提出了如下的农耕地土壤流失量的 ^{137}Cs 质量平衡基本模型：

$$\frac{dA(t)}{dt} = I(t) - (\lambda + \frac{R}{d_m})A(t)$$

式中：A ——^{137}Cs 的面积活度（Bq/m^2）；

I ——^{137}Cs 沉降量（Bq/m^2·a）；

λ ——^{137}Cs 衰变系数（0.023）；

R ——土壤年流失厚度（cm）；

d_m ——犁耕层深度（cm）。

1956—1970 年期间，^{137}Cs 年年沉降，但每年的沉降量各不相同；土壤中的 ^{137}Cs 含量，除随土壤流失而减少外，还有衰变损失。必须建立计算机程序，才能用于土壤流失量的实际计算。我既没有计算机，也不会编程序，无法利用基本模型计算土壤流失量。

我从 ^{137}Cs 年沉降量图中，发现 1963 年的 ^{137}Cs 沉降量最大，1970 年后的沉降量甚微，1963 年又正好是 1956—1970 年的中间年份（图 15）。复杂问题简单化，假定全部 ^{137}Cs 集中沉降于 1963 年这一年，质量平衡基本模型可简化为：

$$A = A_o(1 - h/H)^{n-1963}$$

式中：A ——侵蚀土壤的 ^{137}Cs 的面积活度（Bq/m^2）；

A_o ——^{137}Cs 本底值（Bq/m^2）；

h ——土壤年侵蚀厚度（cm）；

H ——犁耕层深度（cm）；

n——取样年份。

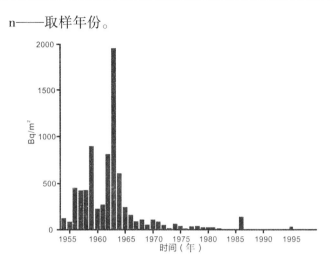

图 15　日本东京^{137}Cs 年沉降量

我当时并没有认识到这个简化公式的价值,撰写了《^{137}Cs 法测算梁峁坡农耕地土壤侵蚀量的初探》一文,在 1988 年《水土保持通报》上发表。Walling 的学生 Higgitt1988 年来华取样,我向他介绍了这一简化公式,他认为很重要,建议我撰写论文在国际刊物发表。于是我撰写了 *A preliminary assessment of potential for using Caesium – 137 to estimate rates of soil erosion in the Loess Plateau of China* 一文,发表于 1990 年的 *Hydrological Sciences*。Prof. Walling 在 1991 年发表的 *Calibration of Caesium – 137 Measurements to Provide Quantitative Erosion Rate Data* 一文中,将此公式称为“Mass Balance Ⅰ”。Mass Balance Ⅰ 是世界上计算农耕地土壤流失量的最常用的模型之一,计算结果和一般模型的计算机计算结果误差小于 5%。Zapata. F 主编的 *Handbook for the Assessment of Soil Erosion and Sedimentation Using Environmental Radionuclides*（2002）有详细介绍。据 2004 年查询,该文被 SCI 收录期刊引用 143 次。

32. 第一个国家自然科学基金

1986年取得了草地、耕地表层土壤和窑洞洞壁黄土的^{137}Cs含量测定结果,1987年我申请国家自然科学面上基金项目"黄土高原土壤侵蚀的^{137}Cs法示踪研究"。项目没有正式获批,但也没有被杀掉,列为1988年的一年预研究项目,下拨经费2.5万元。1987年底,根据山西离石羊道沟的资料,我已草成《黄土高原小流域泥沙来源的^{137}Cs法研究》一文。1988年3月我赴北京出差,去了国家基金委,见到了地理学科组的郭主任和赵楚年同志,将此文的初稿给了他们。他们说:"你的基金项目才批下来,怎么就交报告了?"我将1985年在新西兰看到两篇国外文章,决定回国开展此项研究,1986年采集了少量表层土壤和窑洞土进行验证,1987年在山西离石羊道沟正式取样的整个过程,向他们讲述了一遍。我看得出,他们理解了,对我的工作还是满意的。他们将我的文稿留下,转交给了《科学通报》,此文于1989年刊出。

1988年底,我提交了该项目的结题报告,后接基金委通知,基金委要组织该项目的验收。这事有点儿蹊跷,基金委一般不组织面上项目的鉴定,何况还是一个预研究项目。基金委结合审查新基金项目申请,1989年秋在贵阳组织了该项目的验收。基金委聘请了5位专家组成鉴定委员会,组长为黄秉维院士,副组长是杨戊教授、陈述彭院士。验收的前一天晚饭后散步时,黄先生和我聊天,问了我的经历和搞^{137}Cs的来龙去脉。他对世界行情很了解,知道新西兰还没有开展侵蚀泥沙的^{137}Cs研究,对我独立开展此项研究,说了一些赞许的话。鉴定会上,我汇报后,陈述彭院士把我和四川大学的赵庆昌老师专门拉到一起,说:"一个是传统地理科学,一个是现代物理科学,两个走到一起,这就是水平"。鉴定意见的要点抄录如下：

"证明了^{137}Cs为测定无资料地区的土壤侵蚀强度、查明河流悬移质来源、评价水保措施效益提供了一种简便、准确、快速而又经济的方法，为我国研究土壤侵蚀开辟了一条新途径，填补了国内空白，达到国际水平"；"建议继续研究^{137}Cs背景值的变化规律及其影响因素之间的关系，非黄土地区应用^{137}Cs的适用性，为在非黄土地区研究土壤侵蚀、流域来沙奠定基础"。

我后来也知道了基金委为什么要组织这个项目的鉴定了。项目申请书的评议结果很差，一个A也没有，按规定不能入围，但地理学科组郭主任和赵楚年同志认为，此项研究填补国内空白，应该支持。他们打破常规，将项目申请书提到项目审查会上，要求专家特批为预研究项目。他们是承担了一定风险的。这个项目是他们的骄傲，显示了他们的判断力，没有A的项目申请书不一定差，于是组织这个项目的鉴定。我成了基金委地理学科组的"宠儿"，1988年以来，一共获得8个项目的资助。

《黄土高原土壤侵蚀的^{137}Cs法研究》获1991年中国科学院自然科学三等奖。后来，赵楚年问我："你有没有得罪过×××？"这个项目原来是要评为二等奖的，因他的坚决反对，降为三等奖。

33. 犁耕作用影响^{137}Cs法计算农耕地侵蚀量的争论

1990年，Prof. Walling派他的博士后Dr. Quine来中国和我一起到四川盐亭取样。我们在我所盐亭紫色土农业生态站附近采集了几块台坡地的土壤剖面分层样。1991年，他把^{137}Cs测试结果寄给我，由我撰写1992年在成都召开的国际大陆侵蚀委员会（ICCE）的会议论文。分析资料时，我发现窄台坡地坡脚土壤剖面含^{137}Cs的土层厚度大，^{137}Cs面积活度高；宽台坡地坡脚土壤剖面含^{137}Cs的土层厚度小，^{137}Cs面积活度低（图16）。按照侵蚀量随着坡长的增加而增加的流水侵蚀理论,窄台坡地,坡脚土壤剖面含^{137}Cs 的土层厚度和^{137}Cs 面积活度应小于宽台坡地,苦思不得其解。我当时在江苏扬州表姐家做客,天天在院子转,我表姐知道我在想问题,不敢打扰我。转了 3 天,突然想到犁耕作用,问题迎刃而解。犁耕运移土壤也会造成坡脚处土壤堆积,宽、窄台坡地的犁耕通量(单宽断面的犁耕运移土壤量,kg/m^2)相同,流水侵蚀不强烈的条件下,窄台坡地坡脚土壤剖面含^{137}Cs 的土层厚度和^{137}Cs 面积活度大于宽台坡地是正常的。

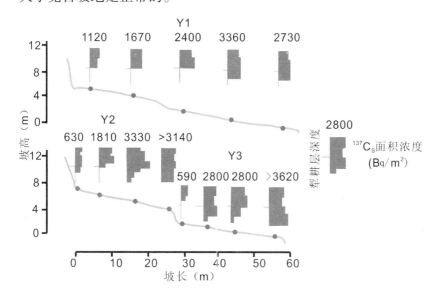

图 16　盐亭梯田(Y1 – Y3)土壤剖面的^{137}Cs 深度分布

不久,Dr. Quine 又来华和我到甘肃西峰取样和讨论盐亭论文的事,我告知他盐亭的^{137}Cs 资料无法用流水侵蚀机制解释,可以用犁耕运移土壤的机制解释。他同意我的观点,说快到提交会议论文截止时间了,他来起草论文。*Investigation of soil erosion on terraced fields near Yanting, Sichuan Province, China, Using Caesium –*

137 一文发表于成都会议论文集(IAHS Pub. No 209)。1992 年西峰南小河沟样品测试结果出来后,我于 1993 年到 Exeter 大学访问研究 3 个月,对取得的资料进行分析并撰写论文。我写了两篇论文的初稿,一篇是 *Application of the Caesium – 137 technique in a study of soil erosion on gully slopes in a yuan area of the Loess Plateau near Xifen, Gansu Province, China*,另一篇是 *The role of tillage in soil redistribution within terraced fields on the loess plateau, China:an investigation using* ^{137}Cs。*Prof. Walling* 和我讨论初稿时说,西峰的文章写得好,犁耕的文章写得不好,这是^{137}Cs 技术的自杀(Suicide of ^{137}Cs technique)我说,这是科学(It's science)。双方当时都不太高兴。讨论时,Dr. Quine 也在场,他没有说什么。Prof. Walling 走后,Dr. Quene 留下来和我讨论论文修改,他问及论文署名如何安排。我说,按惯例,谁写的,谁打头。

　　过了几天,经我推荐到 Prof. Walling 处攻读博士学位的何清平说,Dr. Quine 提职称需要文章,你可否让一篇文章给他打头,我同意了。第二天,Dr. Quine 来到我办公室,我问他:"你想打那一篇文章的头?"他说:"我想打犁耕那篇文章的头。"这把我弄蒙了! 我原以为他要打西峰文章的头,因他们说这篇文章写得好,没想到要打犁耕文章的头。"哑巴吃黄连",只好认了。犁耕的文章很快发表在 1993 年的 *Runoff and Sediment Yield Modeling*,*Proceedings of the Warsaw Symposium on Runoff and sediment yield modeling* 会议论文集上。Dr. Quine 因此成了国际上犁耕侵蚀研究的先驱者之一。

　　后来,Dr. Quine 邀请我到英格兰北部他的父母家做客,在火车上,我谈了犁耕侵蚀研究的重要性,欧洲和北美冰碛物上发育的土壤分布广泛,犁耕侵蚀研究很有前途,建议他申请项目开展这个领域的研究。他希望我不要和 Prof. Walling 谈及此事,我同意了。Dr. Quine 和比利时的 Govers 等人联合申请到一个犁耕侵蚀的欧盟项目,他后来一直专注于这个领域的研究,成了国际上犁耕侵蚀研究的著名学者之一,在 *Nature* 上发表过一篇犁耕侵蚀的文章。犁耕侵蚀对农地质量有影响,对河流泥沙作用不大,我不是农业土壤圈子里面的人,不想开展这方面的深入研究。

我从英国回到北京,向国家自然科学基金委的赵楚年同志汇报了在英国发生的事,她对把犁耕侵蚀文章的第一作者让给外国人的事狠狠地批评了我。她说,"这是知识产权,不能让"。我只好赶紧写了一篇《犁耕作用对^{137}Cs法测算农耕地土壤侵蚀量的影响》的文章,并在1993年的《科学通报》上发表。

34. 提出^{137}Cs有效本底值的缘由

20世纪80年代末,欧洲的一些学者认为^{137}Cs质量平衡一般模型的农耕地土壤流失量计算值往往高于实测值,对运用^{137}Cs技术测算农耕地侵蚀量产生了怀疑。Prof. Walling 和何清平用1950—1970年核爆期间的农耕地土壤^{137}Cs表层富集的理论解释这一现象。认为非犁耕期间^{137}Cs沉降到农耕地地面后的初始分布为:1~2 cm 表层土壤的含量最高,向下呈指数急剧减少,每年一场的犁耕将表层土壤富集的^{137}Cs混合到整个犁耕层中;面蚀是农耕地流水侵蚀的重要方式之一,侵蚀深度不到1 cm,1950—1970年核爆期的非犁耕期间,面蚀流失土壤的^{137}Cs浓度高于犁耕层土壤的平均^{137}Cs浓度,因此土壤流失量计算值偏大。他们用^{137}Cs表层富集系数(Γ),对^{137}Cs质量平衡一般模型进行了修正,建立了 Mass Balance Model II。^{137}Cs表层富集系数(Γ)值的大小和土壤质地、气候等因数有关,不易准确确定。

我在国内的研究表明,用 Mass Balance Model I 计算的黄土高原黄土坡耕地的土壤流失量和径流小区实测值相符,川中丘陵区紫色土坡耕地的土壤流失量高出径流小区值约30%。黄土高原气候干旱,坡耕地的径流系数低,平均值为5%左右;川中丘陵区气候湿润,紫色土坡耕地径流系数高,平均值在30%左右。我认为,核爆期间^{137}Cs随暴雨径流的直接流失可能是 Mass Balance Model I 计算值偏大的更重要原因,应该用没有随降雨径流流失的^{137}Cs沉降量计算土壤流失量,提出了^{137}Cs有效本底值的概念,并将模型中的^{137}Cs本底值改为^{137}Cs有效本底值。^{137}Cs有效本底值也易可靠确定:

$$A_e = A_0(1 - R)$$

式中:A_e——^{137}Cs有效本底值(Bq/m^2);

A_0——^{137}Cs本底值(Bq/m^2);

R——径流系数。

利用 Mass Balance Model I 计算湿润地区农耕地土壤流失量,^{137}Cs本底值应取有效本底值,相关文章 *Simplified mass balance models for assessing soil erosion rates on cultivated land using Caesium - 137 measurements* 发表于1999年的 *Hydrological Sciences*。

35. 计算非农耕地侵蚀量的^{137}Cs剖面分布模型

计算非农耕地土壤流失量的已有公式大都是经验性的,唯一的比例模型公式(Proportional Model),物理基础存在明显缺陷。非农耕地表层土壤的^{137}Cs浓度最高,随着深度的增加而急剧降低(图17)。这符合一般的物质扩散规律,理论上可以用物质扩散方程建立计算非农耕地土壤流失量的理论公式。我记得大学的高等物理学讲过物质扩散方程,也就将物质扩散方程"借"过来描述非农耕地土壤的^{137}Cs深度分布曲线,建立了计算非农耕地侵蚀量的^{137}Cs剖面分布模型(Profile - Distribution Model):

$$A_x = A_{ref}(1 - e^{-x/h_0})$$

式中:x——土壤质量深度($\mathrm{kg/m^2}$);

　　A_x——质量深度 x 以上的 $^{137}\mathrm{Cs}$ 面积活度($\mathrm{Bq/m^2}$);

　　h_o——$^{137}\mathrm{Cs}$ 剖面分布曲线形态系数;

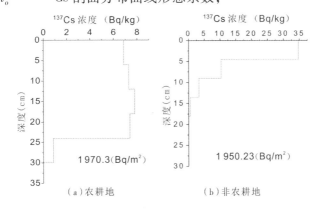

图17　典型的农耕地(a)和非农耕地土壤(b)的 $^{137}\mathrm{Cs}$
深度分布(黑龙江九三农场)

此模型也在 1990 年 *Hydrological Sciences* 的 *A preliminary assessment of potential for using Caesium – 137 to estimate rates of soil erosion in the Loess Plateau of China* 一文中报道之后,还收录于 Zapata, F. 主编的 *Handbook for the Assessment of Soil Erosion and Sedimentation Using Environmental Radionuclides* 一书中。

我后来认识到,土壤中 $^{137}\mathrm{Cs}$ 的扩散与迁移是长期的,非农耕地土壤 $^{137}\mathrm{Cs}$ 深度分布的形态随时间而变化,要建立偏微分方程才能描述这一变化过程。我的数理基础有限,先后招收了 1 名数学系和 1 名物理系毕业的研究生开展研究,建立了计算非农耕地土壤流失量的 $^{137}\mathrm{Cs}$ 迁移模型($^{137}\mathrm{Cs}$ Transport Model),撰写的《无侵蚀非农耕地土壤 $^{137}\mathrm{Cs}$ 深度分布入渗过程模型》和 *A simplified $^{137}\mathrm{Cs}$ transport model for estimating erosion ratesin undisturbed soil* 两篇文章分别发表于《核技术》(2007)和 *Journal of Environmental Radioactivity*

（2008）。

36. 土壤团聚体吸附^{137}Cs

一般认为,细颗粒物质的比表面积大,易于吸附^{137}Cs,土壤中细颗粒^{137}Cs含量高,粗颗粒低。我和四川大学物理系的张一云老师认为,^{137}Cs通过扩散和渗透的方式入渗到土壤中,被不同粒度的土壤团聚体吸附,^{137}Cs含量和团聚体粒度的应有很好的相关关系,采用经过分散处理(加分散剂、超声波等)的粒度分析方法测得颗粒粒度相关关系未必好。

为了验证我们的推断,张老师安排她的硕士研究生贺良国就此问题做毕业论文,开展相关试验研究。他采集了成都附近紫色土草地表层土壤样品,将<2 mm的土样进行了水筛筛分,分成8个粒度级团聚体的样品,测定了每个粒度级团聚体样品的^{137}Cs浓度,还用标准土壤粒度分析方法测定了每个粒度级团聚体样品的粒度。^{137}Cs浓度与团聚体粒径和^{137}Cs浓度与组成团聚体的颗粒中值粒径的相关关系图分别见图18中的a和b。由图可见,^{137}Cs含量与团聚体粒径呈很好的反相关关系,粒径越小,^{137}Cs含量越高,这显然是粒度细的团聚体比表面面积大,吸附^{137}Cs能力强的原因。^{137}Cs含量与团聚体的中值粒径无明显相关关系,这是由于团聚体是矿物和岩石碎屑颗粒结合而成,组成大粒径团聚体的矿物岩石碎屑粒度未必粗,而小粒径团聚体的则未必细。

水筛筛分测定的颗粒粒度是矿物、岩石碎屑组成的团聚体的粒度,经过分散处理测定的颗粒粒度是单个矿物、岩石碎屑颗粒的粒度,因此,^{137}Cs浓度与样品的筛分粒径有很好的相关性,而与分散处理测定的颗粒粒度的中值(中值粒径)无明显相关。

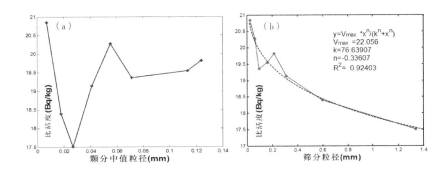

图 18 ^{137}Cs 浓度与团聚体粒径(a)与组成团聚体
的颗粒中值粒径(b)的相关关系

37. ^{210}Pb$_{ex}$ 法计算值表征 200 年以来的平均土壤侵蚀模数吗?

"^{7}Be 法、^{137}Cs 法和 ^{210}Pb$_{ex}$ 法分别适用于测定次暴雨、50 年以来和百年以来的侵蚀模数"的说法,一直盛行于国内外土壤侵蚀的核示踪研究领域。前两种核素的物理基础好理解:^{7}Be 的半衰期短,仅 53 天,适用于测定次暴雨的侵蚀模数;^{137}Cs 是 20 世纪 50 ~ 70 年代大气层核试验的产物,适用于测定 50 年以来的平均侵蚀模数。2000 年左右,我尝试开展 ^{210}Pb$_{ex}$ 法测定土壤流失量的研究,弄懂"1 + 1 = 2"的基础问题是我搞研究的习惯,当然要弄懂 ^{210}Pb$_{ex}$ 法适用于测定百年以来的土壤侵蚀模数的物理基础。维也纳开会期间,我问了 Prof. Walling 这个问题,他的解释是:^{210}Pb$_{ex}$ 的半衰期是 22.3 年,百年相当于 4 个半衰期,可以认为土壤中的 ^{210}Pb$_{ex}$ 达到了稳定态(steady state,^{210}Pb$_{ex}$ 的年大气沉降量和由于土壤流失与核素衰变引起土壤中的 ^{210}Pb$_{ex}$ 年减少量相等),因此可以认为 ^{210}Pb$_{ex}$ 法的测定值是百年以来的侵蚀模数。

我一般不轻易相信似是而非的解释,即便他是著名的权威专家。我和我的学生张云奇建立了农耕地土壤$^{210}Pb_{ex}$面积活度对侵蚀模数变化的响应模型,计算了土壤中$^{210}Pb_{ex}$面积活度对侵蚀模数变化的时间响应。由图 19 可见,土壤侵蚀模数变化后,农耕地土壤的$^{210}Pb_{ex}$面积活度也要随之变化,侵蚀模数增大的,$^{210}Pb_{ex}$面积活度减少;反之则增加。$^{210}Pb_{ex}$面积活度和$^{210}Pb_{ex}$本底值的比值(R_t)随时间的变化不是线性的,侵蚀模数变化后的头几年,土壤的$^{210}Pb_{ex}$面积活度变化急剧,20 年后明显减缓,50 年后非常缓慢,百年后变化极微,$t \to \infty$,土壤中的$^{210}Pb_{ex}$达到稳定态。

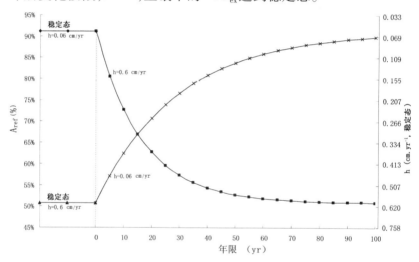

图 19 $^{210}Pb_{ex}$面积活度对侵蚀模数变化的时间响应图

(犁耕层厚度 H = 20 cm,侵蚀模数从 h = 0.06 cm/yr 增大到 h = 0.6 cm/yr 和侵蚀模数从 h = 0.6 cm/yr 减少到 h = 0.06 cm/yr)

Prof. Walling 的前半句话,即百年是农耕地土壤的$^{210}Pb_{ex}$含量达到稳定态所需的时间是正确的;但后半句话说百年是$^{210}Pb_{ex}$法测定的侵蚀模数所表征的时间是错误的。理论上,采用$^{210}Pb_{ex}$示踪法测定土壤流失量研究地块,土地利用方式应至少百年以来没有发生变化,测定值表征的是百年来的平均侵蚀模数,如果土地利用方式 1 000 年以来没有发生变化,测定值是 1 000 年来的平均侵蚀模数。我后来和 Prof. Walling、俄罗斯的 Golosov 等私下讨论过这个问题,他们都同意我的观点。考虑到和 Prof. Walling 的良好关系,我没有在国际期刊上发表相关文章,但又不能因朋友而舍弃科学,我们于 2010 年在国内《土壤学报》上发表了《农耕地土壤 $^{210}Pb_{ex}$ 含量对侵蚀模数变化的响应》一文。2012 年,南京师范大学的博士孙威受该文的启发,撰写了《非农耕地土壤 $^{210}Pb_{ex}$ 含量对侵蚀模数变化的响应》一文,投稿《中国科学》。虽然该文与我们的思路相同,但不影响我和国外同行的关系,我在审稿时还是同意发表此文。

38. 中国湖泊沉积物剖面中的 1974 年和 1986 年 ^{137} Cs 次蓄积峰的问题

20 世纪末,我开展通过塘库沉积物断代调查小流域产沙速率的研究。川中丘陵区塘库和黄土高原淤地坝沉积物剖面均存在一个 1963 年的 ^{137} Cs 蓄积峰(图 20a,c)和除苏联切尔诺贝利核事故影响的部分欧洲地区及世界其他地区的湖泊沉积物的 ^{137} Cs 深度分布一致。延安的云台山沟淤地坝剖面被台湾核示踪断代科普教材收录为沉积物 ^{137} Cs 断代的经典剖面。但我国一些学者认为,我国湖泊沉积物的 ^{137} Cs 深度曲线,除 1963 年的 ^{137} Cs 蓄积峰外,认为还存在 1974 和 1986 年两个 ^{137} Cs 次蓄积峰,分别对应我国的核试验和苏联的切尔诺贝利核事故,如云南程海(图 20b)。我国东部一些浅水湖泊,底泥受人类活动干扰,沉积物的 ^{137} Cs 深度分布曲线出现的波动,也牵强附会地解释为 ^{137} Cs 的蓄积峰,用于断代(图 20d、e、f、g)。

1974 和 1986 两个次蓄积峰的是否存在,不但涉及沉积速率和环境变化解译的正确与否,还影响到中国科学家在沉积物 ^{137} Cs 断

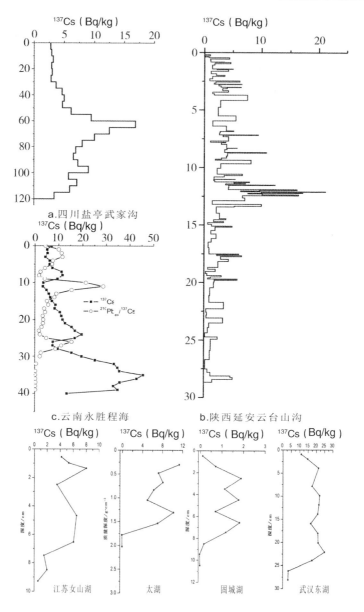

图20　我国部分湖库沉积物^{137}Cs深度分布曲线

代领域的国际声誉。我感到问题重大,2003 年草成《有关湖泊沉积^{137}Cs 深度分布资料解译的探讨》一文,详细论证了中国湖泊为什么不存在这两个次蓄积峰。据日本东京核尘埃沉降监测资料(图 15),1954—1970 年是^{137}Cs 的主沉降期,其中 1963 年的沉降量最大,约占总沉降量的 20% ;1974 年左右并无沉降异常;1986 年苏联切尔诺贝利核事故有轻微沉降异常显示,由于湖泊底泥表层扰动和测定误差等原因,湖泊沉积物的^{137}Cs 深度分布曲线难以分辨出相应的^{137}Cs 蓄积峰。我将文稿给安芷生院士和国家自然科学基金委委员会副主任马福臣研究员(我的大学同学)看了,他们都同意我的观点,支持该文发表;基金委的地学部地理学科组主任宋长青研究员更直接将该文转送《地球科学进展》代为投稿。虽经多次询问,但该杂志半年都未答复录用与否,我不得已转投本所的《山地学报》,于 2005 年发表。此文对纠正国内湖泊沉积物^{137}Cs 断代存在的错误有一定作用。有一次开会,中国科学院南京湖泊所的年轻同志见到我说:"张老师,感谢你了。我们在东部地区的湖泊沉积剖面中找不到 1974 和 1986 年的^{137}Cs 次蓄积峰,经常挨老师批评,现在解放了。"

一个错误观点要退出历史舞台是需要时间的。2010 年,在摩洛哥召开的国际原子能委员会的一个项目会议上,一位中国学者做了有关四川西昌一个水库沉积的报告,仍认为除 1963 年的^{137}Cs 蓄积峰外,沉积剖面中还存在 1986 年的蓄积峰。会上,Prof. walling 教授当即指出:"即使在英国,苏联切尔诺贝利核事故的 1986 年^{137}Cs 蓄积峰也仅出现于中部和北部地区的湖泊,很难想象中国的湖泊沉积会出现此次核事故的^{137}Cs 蓄积峰。我不理解为什么中国的科学家热衷于用 1986 年的^{137}Cs 蓄积峰进行沉积物断代?"国际大陆侵蚀委员会主席、莫斯科大学地理系的 Golosov 教授也指出:"俄罗斯远东部分的湖泊也没有发现 1986 年切尔诺贝利核事故对应的^{137}Cs 蓄积峰。"

北京大学周力平教授主编《第四纪研究》2012 年 32 卷第 3 期的核示踪断代专辑,邀我写一篇有关湖泊^{137}Cs 和^{210}Pb$_{ex}$断代的文章。我说,我不是湖泊沉积物断代的权威,我写不太恰当。他说,这篇文章应该由你来写。盛情难却,我撰写了《中国湖泊沉积物^{137}Cs 和^{210}Pb$_{ex}$断代的一些问题》一文,再次阐明了中国湖泊为什么不存在 1974 和 1986 两个次蓄积峰的科学道理。文章发表后,我见到一些同行,他们说"你的观点已得到大家的认可"。

39. 通过湖泊沉积剖面的^{10}Be 含量 变化判别有无第四纪古冰川

我收集分析我国湖泊沉积物^{137}Cs 深度分布曲线时,注意到一些冰川融水补给的湖泊,^{137}Cs 基本均匀分布于深度几十厘米以内的表层沉积物中,1963 年蓄积峰难以辨别(图 21a)。我在新西兰拜读过一些冰川方面的著作,对冰川的形成、运动和消融过程有所了解,自然也将其与^{137}Cs 尘埃在冰川表面的沉降、以后的迁移和在冰川湖泊中再沉积过程联系起来,解释了冰川湖泊沉积物的^{137}Cs 深度分布曲线。20 世纪 50～70 年代核爆期间,历次核试验产生的^{137}Cs 尘埃沉降于冰川表面,依次赋存于相应年代的冰层中。不同年代的冰层基本平行于冰面,冰川剖面也存在 1963 年的^{137}Cs 蓄积峰。冰川在前进过程中,冰舌部分的冰川呈"墙片"状融化,"墙片"中核爆期间形成的冰层所含的历次核试验产生的^{137}Cs 尘埃,也随融水径流汇入湖泊,转存于沉积物中。1963 年后,每年融化的"墙片"均有核爆期间降雪形成的冰层,融水径流输入湖白的^{137}Cs 量年际变化不大,因此沉积剖面中^{137}Cs 浓度的深度变化往往也不大(图 21b)。我又查阅了一些北极和南极地区冰川湖泊沉积物的^{137}Cs 深度分布曲线,形状和国内冰川湖泊的类似,验证了我的解释。

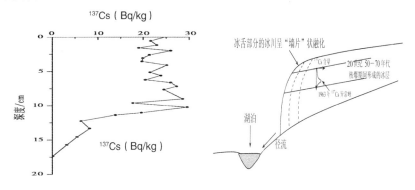

a. 西藏措厄湖沉积物的^{137}Cs 深度分布曲线　　b. 冰川中的^{137}Cs 及补给湖泊示意图

图 21　冰川融水补给湖泊的^{137}Cs 深度分布图

从现代冰湖与非冰湖沉积物的短半衰期^{137}Cs 深度分布曲线的形态差异,我联想这两类湖泊沉积物的长半衰期^{10}Be 深度分布曲线的形态也可能不同。^{10}Be 是宇宙射线轰击大气中 O、N 原子,发生散裂反应产生的尘埃,半衰期长达 1.5×10^{6} 年,和^{137}Cs 一样,^{10}Be 尘埃也主要是随降水沉降到地球表面。冰湖地区,沉降的^{10}Be 尘埃储存于冰雪之中,冰雪融化后随径流流入湖泊,被泥沙吸附沉积。受宇宙射线通量和地磁场强度变化的影响,^{10}Be 的产出率是变化的。第四纪期间,流域内未发育冰川的湖泊,沉积物的^{10}Be 浓度变化和大气沉降通量变化一致,如同现代非冰川湖泊沉积物的^{137}Cs。发育过冰川的湖泊,沉积剖面的^{10}Be 浓度变化不仅和^{10}Be 大气沉降通量的变化有关,也和冰川的积累和消融有关。冰期时伴随冰雪沉降的^{10}Be 储存于冰层之中,间冰期气温急剧升高,冰川快速消融,储存于冰层中的冰期时沉降的^{10}Be 尘埃,随融水径流汇入湖泊,间冰期^{10}Be 的入湖通量远大于冰期,若沉积速率变化不大,间冰期沉积物的^{10}Be 浓度应高于冰期。因此,如湖泊沉积剖面中^{10}Be 浓度出现冰期低、间冰期高的明显变化趋势,有可能表明流域内曾发育过古冰川。

众所周知,我国东部地区是否存在以庐山为代表的第四纪冰川,长期争论不休。基于以上思路,我萌生了"通过湖泊沉积的^{10}Be 含量及其变化,破译第四纪古冰川世纪之争"的设想,草成了《湖泊沉积中的^{10}Be 含量变化——有助于识别第四纪古冰川的有无》一文,发表于《冰川冻土》。

40. 利用^{137}Cs 和^{210}Pb$_{ex}$流域环境事件蓄积峰进行沉积物断代

2004 年 4 月,我参加"长治"工程项目云南片的验收,当时正值旱季末期,我每到一处都要打听"有没有干了的水库",以便采集水库沉积泥沙剖面样品。楚雄州水利局的同志告知,楚雄的九龙甸水库岁修,水已放干,我随即通知贺秀斌前来取样。他带领几个年轻人在水库中部的干涸库底采集了一个长 393 cm 连续剖面的分层泥沙样品。取样时,他发现剖面深度 21 cm 处有厚 2～3 mm 的炭屑层,询问协助采样的当地农民得知,此炭屑层是 1998 年春上游 1.9 km 处的一条小流域内发生森林火灾的产物。

泥沙样品送英国 Exter 大学 Prof. Walling 处测定^{137}Cs 和^{210}Pb$_{ex}$含量。沉积剖面的^{137}Cs 和^{210}Pb$_{ex}$深度分布曲线不同于典型曲线(图 22),剖面中的^{137}Cs 和^{210}Pb$_{ex}$均有两个蓄积峰,上蓄积峰均为含炭屑层层位,显然,此蓄积峰和 1998 年的森林火灾有关。林地表层土壤^{137}Cs 和^{210}Pb$_{ex}$含量高,火灾后土壤失去植被保护,暴雨时侵蚀强烈,表层土壤大量流失到水库中,因此含炭屑层层位泥沙的^{137}Cs 和^{210}Pb$_{ex}$浓度高。这两种核素下蓄积峰的赋存深度不一致,^{137}Cs 下蓄积峰位于深度 231～237 cm 的层位,^{210}Pb$_{ex}$位于深度331～

337 cm 的层位。^{137}Cs 下蓄积峰为 1963 年蓄积峰。按典型的湖库沉积^{210}Pb$_{ex}$深度分布曲线，^{210}Pb$_{ex}$浓度随着深度的增加呈指数减少，^{210}Pb$_{ex}$下蓄积峰是异常峰。该流域 1958—1959 年"大跃进"期间，流域内森林大量砍伐用以烧制木炭，炼铁炼铜。受^{210}Pb$_{ex}$上蓄积峰和 1998 年森林火灾相关的启示，^{210}Pb$_{ex}$下蓄积峰应和"大跃进"期间的砍伐森林有关，可以作为沉积物断代的标识。考虑到侵蚀发生于森林砍伐的次年，我们将^{210}Pb$_{ex}$下蓄积峰标为 1960 年。由于 1960 年前，^{137}Cs 沉降量有限，土壤^{137}Cs 含量低，因此 1960 年的 ^{210}Pb$_{ex}$下蓄积峰层位，未出现^{137}Cs 蓄积峰。

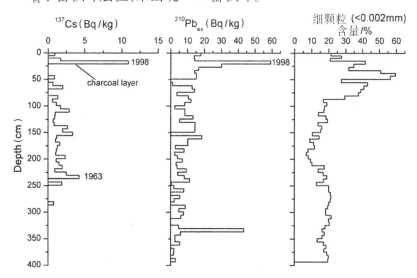

图 22　九龙甸水库沉积剖面的^{137}Cs、

^{210}Pb$_{ex}$和细粒泥沙（<0.002 mm）含量的深度变化

41. ^{137}Cs 技术引入东北黑土区

北京师范大学的刘宝元教授是一位治学严谨的学者，长期从事土壤侵蚀的研究。他原来对^{137}Cs 示踪技术并不感冒，看到国内外大量的相关文献报道后有所心动。2004 年,他邀请我协助他开展东北黑土侵蚀的 ^{137}Cs 示踪法研究,我们在黑龙江农垦总局九三分局的鹤山农场选了一块坡长约 500 m、坡度 4°～5° 的农坡地,采用网格法采集了近百个土壤剖面样品,除 3 个分层样外,其余为全样。他和他的学生负责样品编号、记录,我不做任何记录。他随后将样品寄到成都,我送四川大学物理系测试,并将测试结果寄给他。刘教授根据野外记录对测试结果进行了初步整理,又请我到北京帮助进行资料解译。

取样坡地的 ^{137}Cs 面积活度的空间分布见图 23。^{137}Cs 面积活度的顺坡总体变化趋势是,坡顶的面积活度高,随着坡长的增加逐渐减少,符合侵蚀随坡长增加而加剧的规律;临近坡脚,随着坡长的增加面积活度逐渐减少,符合坡脚处坡度变缓,侵蚀减弱,并有堆积发生的规律。但图中出现了一条斜坡向的低 ^{137}Cs 面积活度带,我说:"这里原来可能有一条冲沟,后来被填平了。"果然图中的低 ^{137}Cs 面积活度带的确是填平了的冲沟。刘宝元教授听了我分析后说:"^{137}Cs 将黑土坡地的土壤迁移揭示得淋漓尽致。"此后,他对 ^{137}Cs 等示踪技术钟爱有加,添置了两台伽马能谱仪,开展了东北黑土土壤侵蚀的 ^{137}Cs 法系统研究。

42. δ^{13}C 示踪确定泥沙来源的局限性

1994 年以来,我连续参加了国际原子能委员会"土壤侵蚀的核示踪技术研究"的三个五年计划项目,开展 ^{137}Cs、^{210}Pb 和 ^{7}Be 等大气沉降的短半衰期同位素在土壤侵蚀领域的应用研究。δ^{13}C 是植物生理生态研究的一种常用稳定同位素,为了推广 δ^{13}C 在土壤侵蚀领域的应用研究,在 2009 年的项目年会上,项目官员邀请了新西兰国家水与大气研究所的 Dr. Max Gibb 作了有关《北岛奥克兰附近海湾泥沙来源的 δ^{13}C 示踪研究》的报告,并要求项目参加

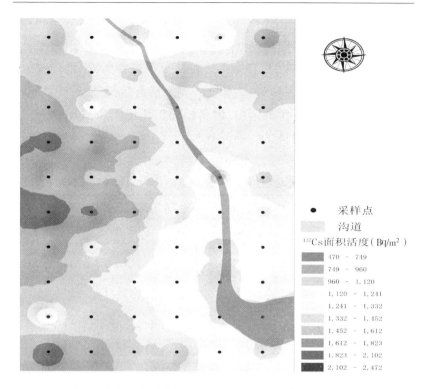

采样点

沟道

^{137}Cs面积活度（Bq/m^2）

	470 - 749
	749 - 960
	960 - 1,120
	1,120 - 1,241
	1,241 - 1,332
	1,332 - 1,452
	1,452 - 1,612
	1,612 - 1,823
	1,823 - 2,102
	2,102 - 2,472

图23　东北黑土坡地的^{137}Cs面积活度（Bq/m^2）的空间变化

单位今后也要开展泥沙来源的δ^{13}C示踪研究。

植物体的δ^{13}C由^{13}C/^{12}C比值表征。C$_3$和C$_4$植物的δ^{13}C差别较大，C$_3$植物的δ^{13}C平均值为－19.5‰，C$_4$植物的δ^{13}C平均值为－5.5‰。土壤颗粒吸附的有机物的δ^{13}C值取决于生长的植被，如流域内不同源地土壤的δ^{13}C值存在差异，通过泥沙和不同源地土壤的δ^{13}C值的对比，可以求算不同源地土壤的相对产沙量。沉积剖面的δ^{13}C值的深度变化反映了流域土地利用和泥沙来源的变化。按照项目要求，我在贵州的石人寨洼地小流域开展了尝试性研究，采集了坡耕地、林草地土壤和洼地沉积剖面的泥沙样品，中国科学院贵阳地球化学研究所协助测定δ^{13}C（表3）。由表3可

81

见,林草地的 ^{137}Cs 和有机质含量分别是坡耕地的 4.03 倍和 3.68 倍,显然是由于坡耕地侵蚀强烈的缘故。两者的 δ^{13}C 相差无几, 分别为 –22.94‰和 –21.15‰。坡耕地夏季植物为 C$_4$ 植物玉米, 土壤的 δ^{13}C 应高于 –10‰,为什么? 调查后得知,玉米秸秆被回收作烧材,并没有回返到土壤中,坡耕地还施用了大量厩肥,牛是当地的主要牲畜,其饲料主要是鲜草和稻草,为 C$_3$ 植物,因此坡耕地土壤的 δ^{13}C 值和林草地差不多。

表3 贵州普定石人寨洼地小流域坡耕地、林草地的 ^{137}Cs、有机质含量和 δ^{13}C 值

土地类型	样品编号	^{137}Cs 含量(Bq/kg)	δ^{13}C(‰)	有机质含量(%)
坡耕地	SR – 1	1.65 ±0.27	– 22.18 ±0.01	1.21
	SR – 3	0.85 ±0.23	– 18.21 ±0.01	2.51
	SR – 6	1.09 ±0.18	– 23.07 ±0.03	2.08
平均值		1.19	– 21.15	1.93
林草地	SR – 2	5.37 ±0.73	– 25.39 ±0.02	6.47
	SR – 4	3.33 ±0.43	– 20.54 ±0.02	6.17
	SR – 5	5.70 ±0.68	– 22.90 ±0.02	8.70
平均值		4.80	– 22.94	7.11

2010 年的项目年会上,我汇报了上述研究成果,并指出发展中国家,农耕地往往施用厩肥,运用 δ^{13}C 示踪技术要慎重。以前的三个五年计划项目都是 ^{137}Cs 等 FRN(大气沉降核素)示踪技术的项目,下一个五年计划难以再立相关项目。IAEA 的项目负责官员可能想将 δ^{13}C 等 CSSI 稳定同位素技术作为下一个五年计划项目的重点。我的研究结果不利于组织下一个五年计划,他对我的报告很不感冒。

43. 沉积物断代的六六六农药示踪法

^{137}Cs 示踪技术是目前湖库沉积物断代常用的手段,但只能标

定出 1963 年蓄积峰层位,研究湖库沉积物反演流域侵蚀和环境变化历史,往往需要更多的时间标识。我在川中丘陵区开展利用塘库沉积物研究小流域侵蚀产沙时,一直寻求其他时间标识,然而未能如愿。2010 年,唐翔宇入聘我所的中国科学院百人计划。在南京土壤所时,他开展过土壤侵蚀的 ^{137}Cs 示踪法研究,和我比较熟悉。来所后,他同我谈了他在国外的学习研究情况和今后想开展土壤农药污染的研究,介绍了国内外农田土壤农药污染的研究概况,提到我国 1984 年已停止六六六农药的生产和使用。我眼前一亮,六六六农药可能是川中丘陵区塘库沉积物断代的时间标识,他完全同意我的想法。我随即将盐亭武家沟塘库沉积物剖面的泥沙样品交给他测试,果然在 1963 年的 ^{137}Cs 蓄积峰的上方出现了一个六六六农药蓄积峰(图 24)。走访当地群众得知,1984 年后当地买不到这种农药。可见,六六六农药蓄积峰可以作为 1984 年的时间标识。^{137}Cs 和六六六农药蓄积峰时间标识的武家沟塘库沉积物剖面的 δ^{13}C 深度变化曲线表明,20 世纪 60 年代前流域内植被较好,δ^{13}C 值低,1960—1962 年困难时期植被遭到严重破坏,二十世纪六七十年代沉积物的 δ^{13}C 值高,之后,随着植被的逐渐恢复,20 世纪 80 年代的 δ^{13}C 值又降低到 60 年代水平。

唐翔宇和我申请的 2011 年国家面上基金项目"毒死蜱在紫色土坡耕地中的迁移机理与模型研究"获得批准,^{137}Cs 和六六六农药示踪塘库沉积物断代是项目的关键支撑技术。川中丘陵区取得初步成功后,我又想将这一断代技术推广到黄土高原。2012 年,我和中国科学院生态中心的汪亚峰一起在延安碾庄沟取了淤地坝坝库沉积物样品,但未能在沉积物中检测出六六六农药。据了解,流域内以前的荞麦地(现已退耕还林)使用过六六六农药,沉积物未能检测出,可能是因为泥沙主要来源于沟谷地、沟谷地产沙不含六六六农药、坝库沉积物六六六农药浓度太低的缘故。

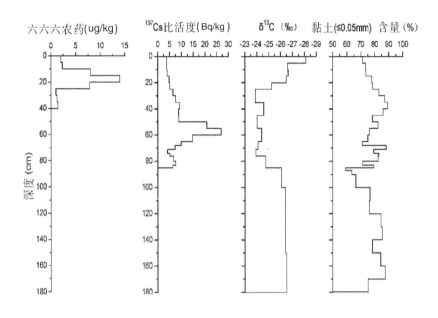

图 24　四川盐亭武家沟塘库沉积物的 1984 年六六六农药蓄积峰

44. 复合稳定同位素技术示踪泥沙来源的适用性

国际原子能委员会（IAEA）非常重视核技术的和平利用。20 世纪 90 年代以来，IAEA 已连续 15 年组织了 3 个 CRP 项目，开展侵蚀泥沙的 ^{137}Cs、^{210}Pb 等同位素示踪技术的研究和应用推广工作，对该技术在全世界的推广应用做出了重要贡献。我也连续参加了这 3 个 CRP 项目，受益匪浅。不能总是"老生常谈"，IAEA 希望能有新的同位素示踪用于侵蚀泥沙研究，项目科学秘书 Gerd 等官员开始关注复合特定稳定同位素示踪技术（CSSI, combined specific stable isotope）。CSSI 示踪技术的基本原理如下：各种植物均含脂肪酸，不同脂肪酸的碳分子链长度不一，短链碳原子数 < 20，长链

>20,不同植物的脂肪酸组合存在明显差异。不同植物的 $\delta^{13}C$ 含量也不一,C_3 植物多介于 $-18 \sim -33‰$,C_4 植物 $-8 \sim -15‰$。CSSI 示踪技术是利用多种脂肪酸(fatty acid)的稳定同位素 $\delta^{13}C$ 含量判别有机物的来源。20 世纪 80 年代以来,该技术已广泛运用于食物链和沉积物有机质来源的研究。

新西兰的 Gibbs 率先运用 CSSI 示踪技术判别泥沙来源,他 2008 年的文章,介绍了运用该技术确定了新西兰北岛一个海湾沉积泥沙的森林和草地相对产沙量。Gerd 等认为这是一种很有希望的泥沙示踪技术,2010 年的 CRP 项目会议上,邀请了 Gibbs、德国的 Frank 和比利时的 Pascal 等相关专家做报告,介绍这一新技术。他安排我与德国的 University of Hohenheim 开展合作研究,要求立即开展工作,我负责采集和处理土壤和泥沙样品,德方负责样品测试。2012 年 6 月,按照德方的技术指南,我们采集和处理了三峡忠县站附近的 3 个相邻小塘库的表层沉积泥沙,和塘库流域的 9 种类型源地土壤(水田,坡耕地,柑橘园,竹林,柏树林等)的 36 个样品,送德国 University of Hohenheim 进行脂肪酸的 $\delta^{13}C$ 含量测定。

2013 年,德方提交了样品的测试结果和利用 Mix SIAR 模型(Advanced Mixing Model Anayses In R)计算出的 3 个塘库不同类型源地土壤的相对产沙量。我发现测试结果有一些难以解释的现象:①T1 和 T2 塘库流域源地土壤有 29 种脂肪酸,但沉积泥沙仅有 9 种脂肪酸(表4);T3 塘库流域源地土壤有 39 种脂肪酸,但沉积泥沙仅有 12 种脂肪酸。②T1 和 T2 塘库沉积泥沙有 3 种脂肪酸的 $\delta^{13}C$ 比所有源地土壤的值偏负;T3 塘库沉积泥沙两种偏负,两种偏正(表4)。2013 年的项目年会上,我做报告时指出:土壤中的有机质包括有机物碎屑,易溶解的和被泥沙颗粒吸附的不易溶解的有机质,部分有机物碎屑和易溶解的有机质在泥沙的流水输移过程中被洗涤和溶解以及沉积后部分有机质的分解,都有可能导致塘库泥沙的脂肪酸种类少于源地土壤和 $\delta^{13}C$ 出现偏正或偏负的现象。塘库泥沙出现新的脂肪酸种类,可能来自塘库水生生物或农户污染。脂肪酸 $\delta^{13}C$ 测试结果表明不符合质量守恒定律(the law of mass conservation),不能计算相对产沙量。另,德方没有测定有机质含量,竟然能够计算出相对产沙量,不能理解,计算结果也不符合实际。我对运用 CSSI 示踪技术判别泥沙来源的今后研究工作提了两点建议:①土壤和泥沙样品的处理必须湿筛,以减少有机物碎屑和易溶解的有机质在泥沙的流水输移过程中被洗涤和溶解的影响;②样品的有机质含量和脂肪酸的含量比必须测定。

表4　T1,T2 池塘沉积物和源地土壤的脂肪酸 $\delta^{13}C$ 值

	脂肪酸	$\delta^{13}C$ (‰)				
		G	H	X	T1	T2
1	C12:0		−36.36	−32.19	−33.94	−40.21
2	C13:0	−33.27	−32.05	−33.17	−32.58	−34.28
3	C14:0	−36.78	−32.05	−33.17	−33.19	−38.82
4	C14:1			−32.92		
5	na670		−29.50	−35.16		
6	C15:0	−34.04	−30.72	−35.16	−34.14	−33.35
7	C15:1	−32.18	−31.43	−35.40		
8	C16:0	−33.97	−32.51	−33.48		
9	na805	−34.69		−33.46		
10	C18:0	−32.97	−31.12			
11	na960	−28.96		−30.65		
12	na1000	−40.35		−32.78		
13	na1040		−31.12	−36.29		
14	C20:0		−40.53			
15	na1090	−39.08	−34.33	−32.58		
16	na1130	−40.31	−36.45	−37.65		

续表

	脂肪酸	$\delta^{13}C$ (‰)				
		G	H	X	T1	T2
17	na1190	−43.25	−35.91			
18	na1150	−37.86				
19	na1325	−38.28		−39.34	−36.04	−38.10
20	na1400	−37.24	−34.29	−30.91	−34.15	−35.07
21	na1480	−37.18		−34.84		
22	C22:1		−34.26	−35.22	−36.76	−35.99
23	C24:0		−33.13	−34.63		
24	na1380		−35.40	−37.04		
25	na1445			−33.65		
26	na1500		−33.06	−34.46	−28.23	−27.01
27	na1550		−32.05	−33.23	−36.06	−36.08
28	na1610			−34.42		
29	na1710		−39.24	−30.99		
	Mean	−36.28	−33.78	−34.11	−33.90	−35.43

注:G,退耕旱坡地柑橘园;H,退耕水田柑橘园;X,水田;T1,T2,池塘。

2016 年 11 月,在 IAEA 的 INT 项目的维也纳会议晚宴上,我与比利时的 Pascal 聊起了 CSSI 示踪技术,他告知我,他的一个博士生对该技术的研究取得了重要进展:泥沙来源示踪要用长链脂肪酸和要测定样品的有机质含量和脂肪酸的含量比,论文即将发表。回成都后,我看到了他们即将发表的论文,还是难以苟同他们的结论。

45. 三峡水库消落带沉积泥沙的 ^{137}Cs 活度"年轮"

长江上游的侵蚀泥沙问题一直是成都山地所水保室的重点研究方向,2010 年后开展了利用三峡水库沉积剖面赋存的信息反演流域泥沙来源变化及其对环境变化响应的研究,贺秀斌研究员的博士生唐强的博士论文题目是"三峡水库干流典型消落带沉积泥沙物源示踪"。2013 年三峡水库夏季洪水期的低水位时,他在忠县坪山等地消落带钻孔采集了沉积物的剖面"柱子",分层测定了坪山"柱子"的 ^{137}Cs 比活度(图 25)。

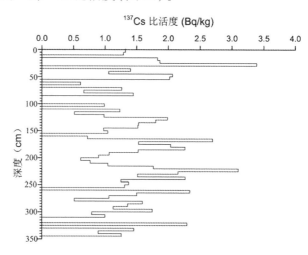

图 25　三峡水库消落带沉积物忠县坪山剖面的 ^{137}Cs 深度分布变化

剖面中含 ^{137}Cs 和不含 ^{137}Cs 的层位交替出现,他感到困惑,请我帮他解释。我的解释如下:三峡水库来沙可分为库区河流来沙和库区以外的金沙江等上游河流来沙。库区河流来沙的紫色土坡耕地侵蚀比例大,泥沙的 ^{137}Cs 含量高;上游河流来沙主要来源于滑坡泥石流和冲沟侵蚀,泥沙基本不含 ^{137}Cs。夏季洪水期,库区河流来沙比例高,沉积泥沙的 ^{137}Cs 含量高;冬季枯水期,沉积泥沙主要来源于上游河流, ^{137}Cs 含量低。 ^{137}Cs 高、低含量层位的交替出现,类似于冰川纹泥,冬季有机质含量高,色调暗;夏季有机质含量低,色调浅。冰川纹泥常作为"年轮"用于断代,三峡水库沉积剖面中 ^{137}Cs 高、低含量层位的交替出现也可视为"年轮",用于沉积物断代。他接受了我的解释,将三峡水库消落带 2006 年初次形成以来的坪山消落带沉积泥沙剖面(2006—2013 年)进行了逐年的断代进行了沉积区段。即 2013 年雨季:0 ~ 10 cm;2012 年旱季:10 ~ 25 cm;2012 年雨季:25 ~ 55 cm;2011 年旱季:55 ~ 70 cm;2011 年雨季:70 ~ 85 cm;2010 年旱季:85 ~ 105 cm;2010 年雨季:105 ~ 190 cm;2009 年旱季:190 ~ 215 cm;2009 年雨季:215 ~ 255 cm;2008 年旱季:255 ~ 260 cm;2008 年雨季:260 ~ 300 cm;2007 年旱季:300 ~ 320 cm;2007 年雨季:320 ~ 325 cm;2006 年旱季:325 ~ 345 cm。

46. 长寿湖水库沉积物剖面上部的 ^{210}Pb$_{ex}$ 与有机质含量的耦合

三峡库区近几十年来水土流失变化及驱动力是中国科学院西部行动计划项目"三峡库区水土流失与面源污染控制试验示范"的主要研究内容之一,根据遥感和统计资料取得的土地利用变化信息和气象资料,利用 RUSLE 等模型计算出的水土流失变化趋势变化结果,如没有佐证,难以令人信服。2013 年秋的项目工作会议上,我提出开展长寿湖沉积物研究,利用沉积物的赋存信息反演龙溪河流域近期来沙变化,分析流域水土流失变化趋势及驱动力。龙溪河是三峡库区一条典型支流,流域的自然环境和土地利用及水土流失状况在三峡库区具有较好的代表性。该河长 220 km,流域面积 3 150 km^2,源于重庆市梁平县(今梁平区)境内,流经梁平县、垫江县和长寿区,汇入水库。狮子滩电站水库(长寿湖)位于龙溪河下游,是第一个五年计划苏联援建的重点项目,始建于 1954 年,1956 年建成,库容 10 亿 m^3。

大家接受了我的建议,我们没有湖泊沉积物钻孔取样设备和经验,曾任中国科学院湖泊所和地化所党委书记的李世杰研究员给予了大力支持,不仅提供了设备,还现场指导取样。2014 年春,成功采集了湖泊沉积物钻孔样品,分层进行了容重、粒度、^{137}Cs、^{210}

Pb、C、N、P 等项目的分析。沉积物剖面的^{137}Cs 深度分布曲线正常,以孔 A 为例,1963 年^{137}Cs 蓄积峰位于深度 84 cm 处。孔 A 的^{210}Pb$_{ex}$的深度分布曲线,不是表层最高,向下随深度的增加呈指数衰减的正常形态;^{210}Pb$_{ex}$含量深度 16 cm 处最高,向上、向下均呈下降的趋势(图 26)。来自巴基斯坦的 Anjum 博士生等难以解释^{210}Pb$_{ex}$深度分布不正常的现象,请我解释。

选点踏勘时,我就了解了水库的运行和水面利用情况,水库 1995 年开始发展网箱养鱼,1999 形成规模,水体富营养化逐渐加重,2004 年禁止网箱养鱼。我推测剖面上部^{210}Pb 活度深度分布的不正常现象有可能与^{210}Pb$_{ex}$被有机质吸附有关,对比了剖面的^{210}Pb$_{ex}$活度与 TOC 含量的深度分布曲线(图 26),耦合很好,TOC 含量也是深度 16 cm 处最高,向上、向下均呈下降的趋势(图 26),证实了我的推测。我给他解释了^{210}Pb$_{ex}$活度与 TOC 含量深度分布耦合的机理。湖泊和水库水体中^{210}Pb$_{ex}$的来源有二:大气直接沉降于库面的,和入库径流带入的;输出也有两个:被泥沙吸附沉降到库底赋存于沉积物中,和随出库径流流出的。大气直接沉降于库面的^{210}Pb$_{ex}$通量可认为是不变的,一般湖泊和水库的^{210}Pb$_{ex}$的入库径流通量、被泥沙吸附沉降到库底沉积通量和出库径流通量一般变化不大,因此每年沉积泥沙的^{210}Pb$_{ex}$活度变化不大。由于放射性衰变,沉积泥沙中的^{210}Pb$_{ex}$活度逐年降低,沉积剖面的^{210}Pb$_{ex}$活度随着深度的增加而减少。根据^{210}Pb$_{ex}$深度分布曲线形态和^{210}Pb 的半衰期(22.3 年),可以计算泥沙沉积速率。水库大面积网箱养鱼,投放鸡粪等作为鱼饲料,水体富营养化严重,有机物浓度升高。^{210}Pb$_{ex}$是一种放射性尘埃,易于被有机物吸附,与泥沙一起沉降到库底,因此网箱养鱼导致被沉积泥沙的^{210}Pb$_{ex}$活度升高。网箱养鱼停止后,水体富营养化发生逆转,有机物浓度逐渐恢复到之前的正常状态,沉积泥沙的$^{210}Pb_{ex}$活度也随之降低。沉积剖面中的$^{210}Pb_{ex}$蓄积峰深度表征禁止网箱养鱼的 2004 年。Anjum 据这一思路撰写了一篇文章 *Interpreting sedimentary organic carbon to $^{210}Pb_{ex}$ chronology from Changshou Lake in the Three Gorges Reservoir, China* 发表于 *Chemosphere*。

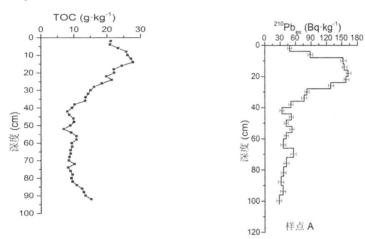

图 26　长寿湖孔 A 沉积剖面的$^{210}Pb_{ex}$和 TOC 含量的深度分布曲线

47. 九寨沟两个海子沉积物^{137}Cs 和
$^{210}Pb_{ex}$深度分布的差异

2016 年春,川大环境学院唐亚院长给我打电话,说:"我们与英国 Exeter 大学合作开展九寨沟海子(小湖泊)沉积物的研究,钻孔采集了沉积物样品。英方提交了沉积物剖面的^{137}Cs 活度的分层测试数据,没有提交^{210}Pb 的测试数据。英方说没有测^{210}Pb,你是这方面的专家,能否帮忙测一下$^{210}Pb_{ex}$"。我说:"你们钻孔采集的样品量可能很少,试试吧!"。第二天,他的在职博士研究生,九寨沟管理局科技处杜杰将镜湖的沉积物样品送到我的办公室,果然每个样品只有 20 g 左右。

伽马能谱仪是测定 ^{137}Cs 和 $^{210}Pb_{ex}$ 的仪器,将装有样品的容器置于仪器的探头中,仪器计数这两种放射性元素自然衰变释放出的特定频谱的伽马射线量。根据伽马射线计数量,样品重量和测试时间,计算样品的 ^{137}Cs 和 $^{210}Pb_{ex}$ 的活度。伽马能谱仪的探头有井形和圆盘形两种型号,测试小剂量样品一般用井型探头能谱仪,大剂量样品用圆盘形。我们以前主要研究土壤侵蚀,测定土壤样品的 ^{137}Cs 和 $^{210}Pb_{ex}$ 的活度,样品量大,实验室购买的是圆盘形探头能谱仪。近年来开展湖泊、水库沉积物的研究,需要测定小剂量样品,实验员张润川同志研制出适用于圆盘形探头的小剂量样品容器,解决了这一难题。

镜湖的 ^{137}Cs 测定结果与英方的完全吻合(图 27),验证了我们实验室测定结果的可靠性。根据测定结果绘制的 $^{210}Pb_{ex}$ 深度分布曲线, $^{210}Pb_{ex}$ 活度　不是表层最高,向下随着深度增加呈指数衰减的正常曲线,而是中部高,向上、向下均降低的反常曲线。Exeter 大学地理系的 Profs. Walling 和 Quine 是我的朋友,我曾 3 次应邀去该校作访问研究。该校实验室有 16 台伽马能谱仪,测小剂量样品的 $^{210}Pb_{ex}$ 应该没有问题。我对杜杰说:"英方可能测定了 $^{210}Pb_{ex}$,但 $^{210}Pb_{ex}$ 深度分布曲线难以解释,故推说没有测"。

中英双方的镜湖沉积物样品 ^{137}Cs 测试结果的一致,使杜杰相信了山地所实验室测试结果的可靠性。他又请我们测定了虎湖的沉积物样品,虎湖的 ^{137}Cs 测定结果也与英方的完全吻合。 $^{210}Pb_{ex}$ 的深度分布是正常形态曲线,表层 $^{210}Pb_{ex}$ 活度最高,向下随深度增加呈指数衰减。杜杰问我,为什么两个海子 $^{210}Pb_{ex}$ 深度分布曲线的形态不同?我说,"镜湖海子可能受到流域内人类活动的影响,你把两个海子流域的遥感照片给我看看。"遥感照片显示,虎湖流域

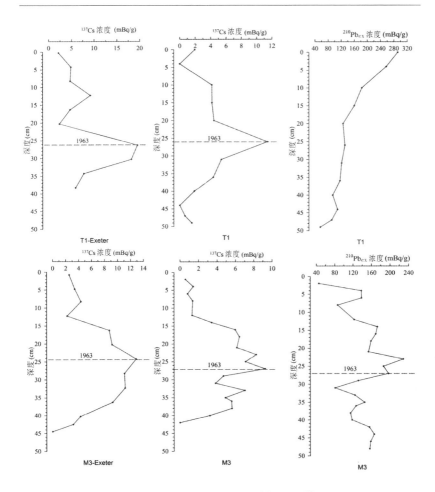

图 27　九寨沟镜湖、虎湖两个海子沉积物的^{210}Pb$_{ex}$和^{137}Cs深度分布曲线

没有受到人类活动干扰,植被完好;镜湖海子取样点附近的岸边有一条公路通过,公路旁还有一些新建的房屋。他说,"公路是1970年修建的,随后陆陆续续修建了一些房屋"。我告知他:修建公路和房屋开挖出的土,不含^{210}Pb$_{ex}$,是沉积剖面中1970年以后层位泥沙的^{210}Pb$_{ex}$活度向上呈降低趋势的原因。

（二）黄土高原

48.沟间地和沟谷地的相对产沙量

1982年,在西安丈八沟宾馆召开了"黄土高原水土流失治理战略研讨会",朱显谟院士是会议秘书长,水利部、黄河水利委员会、中国科学院和农业部的一些领导和专家出席了会议,我也有幸参加了这次会议,和朱先生住一个房间。我至今还记得他讲的一些故事,如"文革"期间他当牛队队长、有的队员如何打小报告争表现,和"大跃进"期间专家如何论证小株密植的科学性等。会上就黄土高原治理是"先治沟还是先治坡"展开了热烈的讨论,黄委会主张打淤地坝,先治沟;朱显谟等一些专家主张修梯田、种树种草,先治坡。两派争论得很激烈,我未在黄土高原工作,没有发言权,但听他们的争论,也长了不少知识。给我留下最深的印象是,黄土高原水土流失治理的主要目的是减少进入黄河的泥沙,但两派都缺少沟间地和沟谷地相对产沙量的可靠科学数据,谁也说服不了谁。

中国科学院北京地理所的陈永宗和景可研究员,通过我在山西离石羊道沟的工作,认识到^{137}Cs技术解决黄土高原沟间地和沟谷地相对产沙量难题的潜力,邀请我参加中国科学院的"黄河中游水沙变化"的"八五"攻关项目,承担"沟谷侵蚀"的专题,研究黄河中游地区的沟间地和沟谷地的相对产沙量。我又在陕北选择了3条小流域,通过淤地坝沉积泥沙和沟间地农耕地土壤的^{137}Cs含量对比,求算了沟间地和沟谷地相对产沙量。要给出令人信服的黄河中游地区的沟间地和沟谷地相对产沙量,必须通过河流泥沙和沟间地农耕地土壤的对比。我请黄委会榆次总站协助采集了黄河干支流 7 个水文站的洪水泥沙样品。为了取得可靠的黄河中游地区沟间地农耕地土壤的 ^{137}Cs 含量,我的研究生文安邦(现任中国科学院水利部成都山地灾害与环境研究所所长)乘公共汽车采样,跑了十几个县,非常辛苦。乘公共汽车一天一个县,采样后通过邮局寄出。

黄河中游沟间地耕作土的 ^{137}Cs 含量和坡度关系密切,区域差异不大。我们取中陡坡地耕作土 ^{137}Cs 含量 3.41Bq/kg 代表沟间地产出泥沙 ^{137}Cs 含量的区域平均值。黄河干支流洪水泥沙的 ^{137}Cs 含量介于 0.40 ~ 1.09 Bq/kg 之间,小流域淤地坝沉积泥沙的 ^{137}Cs 含量介于 0.58 ~ 1.36 Bq/kg 之间(表 5),均不到沟间地产出泥沙 ^{137}Cs 含量的区域平均值的一半,显然,黄河泥沙主要来源于沟谷地。根据河流与淤地坝泥沙 ^{137}Cs 含量,编制出的黄河中游的沟间地和沟谷地相对产沙量空间分布图(图 28)显示,黄河中游大部分地区沟谷地大于 70% ,晋陕峡谷区为 90% ,汾渭河谷区和河流源头区小于 70% 。

表 5　大中河流洪水泥沙与小流域淤地坝淤积泥沙 ^{137}Cs 含量对比

黄河干流及主要支流				小　流　域			
河流及站名	控制面积（km²）	洪水年代	洪水泥沙平均 ^{137}Cs 含量（Bq/kg）	沟名及水系	淤地坝控制面积（km²）	淤积物年代	淤积泥沙平均 ^{137}Cs 含量（Bq/kg）
黄河（吴堡）	433 514	1993	0.40	赵家沟（清涧河）	2.63	1993	0.91
黄河（龙门）	497 552	1993	1.14	马家沟（秃尾河）	0.84	1994	1.15

续表

黄河干流及主要支流				小 流 域			
河流及站名	控制面积（km²）	洪水年代	洪水泥沙平均¹³⁷Cs含量（Bq/kg）	沟名及水系	淤地坝控制面积（km²）	淤积物年代	淤积泥沙平均¹³⁷Cs含量（Bq/kg）
秃尾河（高家堡）	2095	1994	0.75	羊道沟（三川河）	0.206	1987	0.74
秃尾河（高家川）	3253	1994	0.48	岳家沟（州川河）	1.70	1994	0.78
清涧河（子长）	913	1993	0.74	桥子西沟（渭河）	1.09	1994	0.58 *
清涧河（延川）	3 468	1993	0.55	赵家沟（清涧河）	2.03	1973—1977	1.36
汾河（河津）	3 8728	1993	1.09				

注：* 洪水径流泥沙

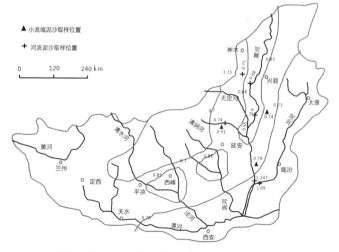

图28 黄土高原沟谷地相对产沙量的空间分布

49. 利用淤地坝洪水沉积旋回, 求算小流域产沙量

1993 年, 我和文安邦在陕北子长县寻找合适的淤地坝开展沟间地沟谷地相对产沙量研究, 在离县城不远的赵家沟发现一个水毁淤地坝(Ⅱ号坝)的坝库淤积被冲沟切开, 沉积剖面出露良好(照片 13)。据陪同的水利局副局长介绍, 该坝建于 1958 年, 1977年洪水溃坝后, 坝库淤积逐渐拉开。暴露的剖面垂直高度 10 m 左

照片 13　陕西子长赵家沟Ⅱ号坝的沉积泥沙剖面

(1977 年洪水垮坝暴露)

右, 由 15 个洪水旋回组成(图 29a)。每次洪水旋回底部的泥沙粗, 顶部的细, 野外易于区分。据副局长介绍, 其中两个厚度超过1 m 的巨厚旋回分别对应 1973 和 1977 年的两次特大暴雨。这时, 我萌生了将淤地坝小流域视为一个大的天然径流场, 利用淤地坝坝库洪水沉积旋回求算流域产沙量的想法。我随即借了县水利局的经纬仪, 和文安邦测绘了Ⅱ号坝坝库地形图, 按旋回连续分层采集了沉积剖面的泥沙样品, 每个旋回一般不少于 3 个样。样品带回成都后进行了颗粒分析和 ^{137}Cs 含量测定。颗分结果和野外观察

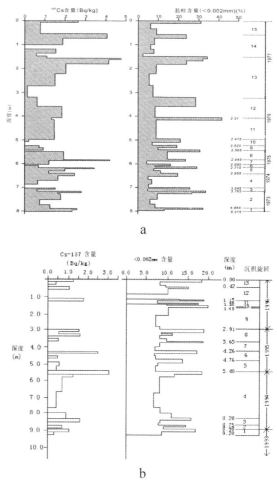

图 29　陕西子长赵家沟坝库沉积泥沙的洪水沉积旋回

（a. 1973—1977 年；b. 1993—1998 年）

现象完全相符,由于 ^{137}Cs 主要被细颗粒泥沙吸附,旋回底部层位泥沙的 ^{137}Cs 含量低,顶部高。我们根据旋回的厚度和淤积面积,计算了每次洪水的产沙量。通过降水资料和沉积旋回的比对,确定了每个旋回对应的暴雨。赵家沟 Ⅱ 号坝坝库沉积洪水沉积旋回研究获得的 1973—1977 年期间的 15 次洪水产沙量(图 29a),为分析陕北黄土丘陵区降水与产沙关系和不同暴雨洪水条件下的沟间地和沟谷地相对产沙量提供了宝贵的科学资料。

2001 年,我们又去赵家沟在 1988 年修建的 I 号坝坝库内,打了一个 10 m 深的沉井,采集了 1993—1999 年期间的坝库沉积连续剖面样品,剖面由 13 个洪水沉积旋回组成(图 29b)。通过这些旋回的泥沙体积、^{137}Cs 含量、降水量和流域土地利用变化,分析了退耕对流域产沙的影响。2002 年应中国科学院水利部水土保持研究所李锐所长邀请,在安塞县(今安塞区)云台山沟水毁切开的淤地坝坝库沉积泥沙组成的沟壁,采集了垂高 28.11 m 的连续剖面泥沙样品。该淤地坝建成于 1958 年,是延安地区的第一个淤地坝,毁于 1973 年的延安地区的特大暴雨,剖面由 44 个沉积旋回组成,是 1960—1970 年期间 44 次暴雨洪水的沉积记录(图 20b),为分析这一期间的流域产沙强度、泥沙来源变化,及对气候和土地利用变化的响应提供了宝贵的资料。

50. 孢粉示踪用于古聚湫坝库沉积研究

陕北地区将滑坡、崩塌堵沟形成的坝体和坝库淤积物总称为聚湫。黄土高原聚湫分布广泛,许多古聚湫保存完好,不少学者都想利用古聚湫沉积研究黄土高原历史时期侵蚀产沙的研究,但苦于没有适合的示踪物。^{137}Cs 为 20 世纪 50～70 年代核试验产生的核尘埃,不可能用于古聚湫沉积示踪研究;^{210}Pb 是天然同位素,但半衰期为 22.3 年,不适用于 200 年前的沉积物示踪研究。^{10}Be 等长半衰期核素的测定需用中子加速器,测试费用太高。找到一种易于测试的示踪物,是利用古聚湫沉积研究黄土高原历史时期侵蚀产沙的关键。

我和 Prof. Walling 多次讨论过研究古聚湫沉积的示踪物问题。

黄土高原的表层土壤由黄土发育而来,就黄土高原侵蚀产沙古聚湫沉积研究而言,利用自身组成物质作为示踪物的可能性不大,应该从大气沉降的物质中寻找示踪物。[10]Be 等常半衰期的大气沉降核素测试费用高,我们认为沉积物中的孢子花粉也源于大气沉降,可能是黄土高原侵蚀产沙古聚湫沉积研究的一种有希望的示踪物质。

有了思路,就要找适合的地点开展研究。陕北子洲的黄土洼聚湫是黄土高原最著名的聚湫,被认为是黄土高原淤地坝的鼻祖。该聚湫有"隆庆巳巳,黄土二山崩裂成湫"(隆庆巳巳为明隆庆三年,公元 1569 年)确切的历史记载。我对孢粉示踪是一无经验,二无项目支持,开展黄土洼聚湫沉积的孢粉示踪研究是"可望而不可即"。2002 年 10 月,我参加无定河水土保持项目的国家验收,在陕北吴旗周湾水库发现一个被切开的古聚湫坝库沉积剖面,经询问为 300 多年前发生的聚湫的坝库沉积,可惜没有文字记载。同年11 月,我赴吴旗周湾水库,采集了一些表层土壤和现代淤地坝、古聚湫坝沉积泥沙的样品,孢粉分析在英国 Exeter 大学地理系进行。吴旗周湾水库的初步研究表明,和[137]Cs 一样,每个沉积旋回顶部层位的孢粉浓度高,底部层位低,可用于区分洪水沉积旋回。草地和坡耕地表层土壤的孢粉浓度高分别为 26 077 粒／克和 5 844 粒／克,沟壁黄土几无孢粉检出,可用于调查泥沙来源。现代和古聚湫坝库沉积泥沙的孢粉浓度很低,平均值分别为 111 粒／克和 272粒／克,和草地和坡耕地的孢粉浓度对比可以判断,泥沙主要来源于孢粉极为贫乏的沟壁黄土。

有了吴旗周湾水库的初步经验,我在 2005 年申请并获批准的国家自然科学基金委西部重点项目"黄土丘陵区土地利用／覆被变化的侵蚀产沙响应示踪研究"中,将黄土洼古聚湫坝库沉积的孢粉示踪研究列为项目的研究内容。2006 年春,我前去黄土洼取样,黄委会对黄土洼古聚湫的研究也很感兴趣,黄科院泥沙所和上中游管理局均派员参加取样工作,上中游管理局负责和地方的沟通工作。原设计钻孔取样,但未想到大队书记坚决不让打钻,说"南蛮子要把地下的金子弄走",乡和县上也不愿意做工作。我后来了解到,2005 年黄委会时任主任李国英考察黄土洼古聚湫,县、乡要大队做接待准备工作时说,黄委会以后要给几十万元工程项目经费,后来这笔项目经费被县、乡截留了,群众意见很大,因此不让我们打钻。我担心打钻要和群众扯皮,请黄委会派员协助,想不到遇到了麻烦。

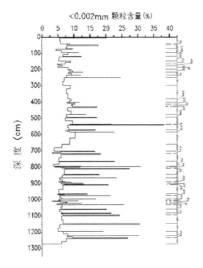

图 30　陕北子洲黄土洼小流域后小滩支沟古聚湫坝库沉积剖面的洪水旋回和孢粉、黏粒浓度

好在我还有预案。黄土洼古滑坡堵塞主沟的同时,也将对岸的 3 条小支沟堵塞,小支沟淤满后被切至原沟底,沉积剖面出露很好。既然主沟坝库不能钻,我可以采集支沟出露的聚湫坝库沉积剖面样品,虽然旋回少,沉积时段短,还是可以反映几百年前滑坡

发生后一段时间内的侵蚀产沙特点的。我们选择了3条小支沟中的后小滩沟作为研究小流域,采集了聚湫坝库沉积剖面泥沙样品和流域内沟间地耕作土、沟谷地陡崖黄土的表层土壤样品,国土部水文地质研究院的童国榜先生协助孢粉分析,分析结果非常令人满意。和吴旗周湾水库一样,每个沉积旋回顶部层位的孢粉浓度高,底部层位的低。12.73 m长的沉积剖面,可分为54个洪水旋回(图30),次洪水的产沙模数介于716～30 376 t/km² 之间,平均为7 106 t/km²。流域沟间地耕作土和沟谷地黄土的孢粉平均浓度分别为2357粒/克和20粒/克,沉积泥沙的平均孢粉浓度689粒/克,坝库沉积泥沙主要来源于沟谷地,约占坝库沉积泥沙总量的70%。

51. 冻豆腐结构——坝库沉积的"年轮"

　　2006年,在黄土洼后小滩支沟古聚湫坝库沉积剖面野外取样时,我注意到旋回顶部黏土层有两种结构,有的旋回为致密结构,有的为多孔结构(照片14),野外分别标注为A类旋回和B类旋回,但没有找出这两种结构差异的原因。

　　根据孢粉浓度和黏粒含量,可以将12.73 m长的古聚湫坝库沉积剖面分为54个洪水旋回,计算每次洪水的坝库淤积沙量和流域产沙模数,但如何进行年际区分? 我想到了野外取样时发现的旋回顶部黏土层的两种结构。子洲冬季寒冷,为季节性冻土分布区,部分旋回顶部黏土层的多孔结构可能与冻融有关,两种结构的形成机理迎刃而解。旋回顶部细粒层的致密结构为泥沙的水下连续沉积结构,多孔结构是一年的末次洪水旋回顶部黏土层形成的融冻结构。后小滩支沟流域面积0.1 km²,坝库面积0.03km²,陕北冬季干旱,聚湫坝库干枯,每年最后一次洪水沉积旋回的顶部黏土层暴露地面。顶部黏土层富水,含水量大,冬季冻结,春季融化后

照片14　陕北子洲黄土洼古聚湫坝库沉积剖面
A. 冻融多孔结构；B. 致密结构

形成多孔的"冻豆腐"融冻结构。顶部黏土层有"冻豆腐"结构的旋回为每年的末次洪水沉积，"冻豆腐"结构解决了洪水沉积旋回的年际区分的难题。

2007年春，我们再赴子洲黄土洼，仔细观察沉积剖面，校对2006年野外记录的 A 和 B 类旋回。最终确定了12.73m长沉积剖面的54个洪水旋回，其中31个旋回顶部黏土层有"冻豆腐"结构，也就是说31年发生了54次产沙洪水。据此求算出年产沙模数介于 $68\sim55\,579$ t/km^2·a之间，平均为 $12\,629$ t/km^2·a，与主河淮宁河中游的现代输沙模数相近。这表明，当时水土流失已很强烈，可能与明代长城附近地区的戍边屯垦有关。

2007年春的再次考察，我们又遇到了大队支书，他非常热情，亲自当我们的向导，还说："如果去年光是你们科学院的人，没有黄委会的人，我就让你们打钻；黄委会的人，说话不算数，就不让他们打,你们还想不想打?"。我不知道他说的话有没有水分,再说后小滩支沟的工作,已基本验证了我的设想,我说:"谢谢,我们不想再打钻了"。

52. 峁坡耕地侵蚀量的顺坡变化

几乎所有的侵蚀量预测模型,如 USLE(土壤侵蚀通用方程)和 WEPP 等,侵蚀量与坡长均成正相关。黄土高原大量的径流小区资料也得出了相同的结论,江忠善根据安塞峁坡耕地不同坡度、坡长径流小区观测资料(L≤40 m),提出了峁坡耕地年均侵蚀量与坡度、坡长的江氏经验公式:

$$M = 103.38S^{1.114}L^{0.350}$$

式中:M——年均侵蚀模数(t/km^2·a);

S——坡度;

L——水平投影坡长(m)。

但陈永宗等分析子洲岔巴沟峁坡耕地径流小区资料(L≤60 m)后发现,坡长小于 40 m 时,侵蚀量随坡长的增加而增加;大于 40 m 时,侵蚀量不随坡长的增加而增加。他们认为,这可能是坡长 40 m 后,坡面径流的含沙量已很高,挟沙能力有所降低的缘故。

1992 年 10 月,我和 Prof. Walling 的博士后 Dr. Quine 到水保所安塞站采集 ^{137}Cs 法测定峁坡耕地侵蚀量的土样,网格法土钻取样。取样地坡长 L = 89 m,坡度 α = 11.2°。取样时,发现 8 月份暴雨形成的细沟保存完好,我们认识到这是将侵蚀细沟和 ^{137}Cs 流失量进行对比研究的天赐良机。采集土样前,我们用网格法量测了坡地内宽度大于 1 cm 的细沟的宽度、深度,计算了细沟侵蚀量。

由取样地 ^{137}Cs 法的侵蚀模数平均值和江氏公式值的顺坡变化对比图可见(图 31),江氏公式值一直随坡长的增加而增加;^{137}Cs法值,L≤50 m 时,随坡长的增加而增加,峁顶处计算值大于江氏公式值(犁耕侵蚀的缘故), $L = 50 \sim 65$ m, ^{137}Cs 法值随坡长的增加变化不大, $L > 65$ m, ^{137}Cs 法计算值随坡长的增加还略有减少。坡长大于 50 m 后, ^{137}Cs 法值不随坡长的增加而增加, 和江氏公式值不一致, 但和岔巴沟的观测结果相符。江氏公式是根据最大坡长40 m 的径流小区资料建立的, 不适用于预测坡长大于 40 m 的陡坡地的侵蚀量。

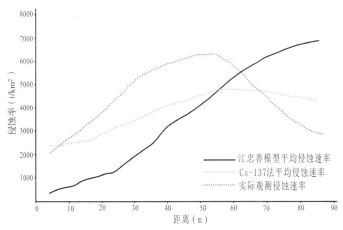

图 31 ^{137}Cs 法的侵蚀模数平均值和江氏公式值的顺坡变化对比

为什么坡长 $L > 50$ m 时, ^{137}Cs 法的侵蚀量不再随坡长的增加而增加呢？我对比分析了侵蚀量 ^{137}Cs 法测定值、细沟最大深度和细沟横断面面积率的顺坡变化。坡长 $L = 30 \sim 50$ m 时, 细沟最大深度没有达到犁耕层深度 $H = 15$ cm, 细沟横断面面积率随坡长的增加而增加, 细沟侵蚀的侵蚀量贡献率大, ^{137}Cs 测定值随坡长的增加而增加。$L = 50 \sim 72$ m 时, 细沟最大深度变化不大, 变动于 $15 \sim 20$ cm, 细沟横断面面积率变化也不大, ^{137}Cs 法测定值随坡长的增加变化不大。$L \geq 72$ m 时, 三条大细沟汇成二条浅沟, 最大细沟深度急剧增加后又减小, 最大深度 35 cm, 细沟横断面面积率随坡长的增加而减少, ^{137}Cs 测定值也随坡长的增加而减少。

　　通过以上分析,我认识到犁耕层和犁底层抗蚀性的差异,是坋坡耕地坡长达到一定长度后,侵蚀量不随坡长的增加而增加的原因。坡长小于一定长度,细沟发育于犁耕层内,细沟侵蚀随坡长的增加而加剧,细沟横断面面积率随着坡长的增加而增加;当坡长达到一定长度,侵蚀细沟下切到抗蚀性强的犁底层,细沟侵蚀的加剧受到抑制,细沟横断面面积率不再随坡长的增加而增加。迄今为止,所有坡耕地侵蚀量预测模型,无论是物理模型还是统计模型,都没有考虑犁耕层和犁底层抗蚀性差异对细沟发育的影响。

53. 黄河粗泥沙来源研究的夙愿得以实现

　　20世纪60年代,钱宁先生通过泥沙粒度资料的分析,已经指出黄河中下游河床淤积的粗泥沙主要来源于黄河中游的晋陕蒙接壤区。砒砂岩、沙黄土和风沙是该区河流泥沙的三种主要来源,查明其产沙贡献率是预测河流输沙量变化趋势和指导水土保持工作的科学基础。黄土高原沟谷地和沟间地产沙贡献率的[137]Cs法示踪研究取得成功后,我也思考了采用示踪手段研究晋陕蒙接壤区河流粗沙来源的问题,但[137]Cs、[210]Pb等大气沉降核尘埃不是合适的示踪物。我有化学元素统计法研究云南大盈江流域河流细粒泥沙来源的经验,砒砂岩、沙黄土和风沙的粒度组成和化学元素组成应该存在差异,可以根据这三种源地土体与河流泥沙的粒度和化学组成的对比,求算其产沙贡献率。

　　20世纪80年代末,中国科学院水利部水土保持研究所唐大姐(唐克丽研究员)的研究生张平仓和我聊起他的论文。他说,唐老师要他研究多沙粗沙区河流泥沙来源,但他不知如何下手,想听听我的意见。我将我的想法告诉了他。他后来采用粒度统计法研究多沙粗沙区河流泥沙来源,完成了他的博士论文。2001年,水保所李锐所长又和我谈及晋陕蒙接壤区的粗泥沙来源问题,我又谈了我的想法,他感到很有道理,希望我协助水保所开展相关研究。我们的交谈仅仅是意向的,并未付诸行动。

2009年左右,安芷生先生把我叫到西安讨论地球环境所筹建生态环境室的事,我认为该室的研究领域和水保所要有所区别,提出"发挥沉积学的特长,主要利用现代淤地坝和历史时期古聚湫坝库沉积物赋存的信息,开展近500年来生态环境和水土流失研究"的思路。2011年春,他打电话给我,同意我的思路。其后,地球环境所联合中国科学院兰州寒区旱区研究所和中国科学院水利部水土保持研究所共同申请的中国科学院战略先导项目"黄土高原及周边沙地近代生态环境的演变与可持续发展性"获得批准,我很高兴。安芷生说:"项目实现了你的理想"。

我是项目科学顾问,参与了申请书的编写,参加了几次项目会议。中国科学院水利部水土保持研究所副所长穆兴民研究员是水保所课题的负责人,他知道我和安先生的关系不错,要我向安先生反映水保所的经费偏少,可否多分一些。我说,"授人以渔"比"授人以鱼"好。经费的事,我帮不上忙;科学上的事,我可以帮忙。我建议他开展以侵蚀强烈著称的皇甫川粗泥沙来源的示踪研究,他接受了我的建议。他和他的助手赵广举专程到成都,和我讨论如何开展研究。2012年春,我带赵广举等几个水保所的年轻人实地考察皇甫川,帮助他们选择研究小流域,指导他们取样。赵广举还于2012年申请获批了国家自然科学基金委面上基金项目"皇甫川泥沙来源的复合指纹法研究"。我很欣慰,通过年轻人实现了我的夙愿。

54. 垂直节理-优先流-黄土冲沟

2016年8月,应西安地环所的邀请,我参加了在甘肃庆阳召开的"中国黄土论坛暨国际黄土研讨会",长安大学一位教授对报告中一张幻灯片演示文稿的解释"黄土垂直节理两侧的黄土湿度高表明,黄土中也有优先流。"引起了我的注意。优先流(preferential flow),又称土壤优势流,"指土壤在整个入流边界上接受补给,但水分和溶质绕过土壤基质,只通过少部分土壤体的快速运移",是世界近期土壤水分研究的热点。我立刻将其与黄土高原的冲沟发育联系起来,水分以优先流的形式沿垂直节理向下入渗,两侧黄土含水量增加,碳酸钙胶结物被溶解,力学强度降低,易于侵蚀发生,形成冲沟。由于化学溶蚀,冲沟头部可能存在陷穴,还可能发生管道侵蚀(pipe erosion)。

我参加了会后的野外考察,中国科学院地球环境研究所(地环所)王云强是考察团领队,我是科学顾问。考察路线庆阳—延安—壶口瀑布—洛川—西安。他是中国科学院水土保持研究所(水保所)邵明安的博士研究生,2010年博士毕业后到地环所工作,仍从事黄土土壤水分的研究,主攻黄土深层土壤水的研究,他的土壤水分观测孔深度20余米,深度在世界上屈指可数。由于研究成果突出,他2016年被聘为黄土与第四纪国家实验室副主任。我以前带他跑过野外,对他有一定了解。车上,我和他谈起了垂直节理 – 优先流 – 黄土冲沟的想法,并在野外进行了现场解释。他感到很有道理,解决了他以前的一些困惑。他说:"我长期从事土壤水分研究,当然知道优先流,但一直没有观察到优先流,对此感到困惑"。我说:"你们多在黄土塬或梁峁的中部开展土壤水分研究,那些地貌部位黄土垂直节理密闭,土壤水分基本均匀向下入渗,一般不发生优先流。黄土塬或梁峁的边缘部分,垂直节理张开,才可能发生优先流,形成冲沟"(照片15)。他恍然大悟,完全认可我的解释:黄土塬或梁峁的边缘部位,垂直节理张开,优先流发生,冲沟发育,土壤侵蚀强烈,黄土高原下伏基岩中的地下水也主要来源于该部位的优先流入渗。因此,黄土塬或梁峁的边缘部位是黄土高原的

"关键带"。

我希望他今后开展这方面的研究。他说:"我现在在美国的一个关键带重点实验室做为期一年的访问研究,这次短期回国,马上要回去,半年回国后一定开展此方向的研究。"

照片15　黄土高原梁峁丘陵边缘沿垂直节理发育的冲沟

55. 延安的治沟造地

2013年8月,我在贵阳接到安芷生的电话,他简要介绍了延安的治沟造地,要我马上赶到西安,协助起草给中央的咨询报告。之前,陕西省水土保持局老局长王正秋同志对我发过治沟造地工程的牢骚,因此我对工程有一些了解。治沟造地和淤地坝工程大同小异,不同之处在于后者是泥沙自然淤平坝库,前者是人工推土填平坝库。去西安前,我给水保所的老朋友侯庆春打了个电话,他赞成治沟造地工程。到西安后,安先生马上召集我和地环所的陈逸平、金钊等年轻同志开会,布置起草咨询报告的工作。我说,我对治沟造地不熟悉,7月份延安市连降暴雨,可能发生水毁,先到现场看看工程,作一些调查研究,回来后再起草报告。

　　他同意了我的意见,第二天我就带了地环所的几个年轻同志去了延安。路上,我和陈逸平等说,治沟造地工程遇到暴雨,会发生一些水毁灾害,是敏感问题。基层单位的同志警惕性可能不高,我们先与宝塔区联系,然后再与延安市联系。果然,宝塔区治沟办的同志热情地接待了我们,介绍了全区的治沟造地工程,还带我们考察了康家沟治沟造地工程。这个治沟造地工程简单,机械推土填平淤地坝库尾的积水洼地,效果可以,仅部分填土地面发生不均匀沉降。宝塔区的同志又将我们带到市治沟办,市治沟办的同志也热情地接待了我们,介绍了治沟造地工程的来龙去脉,并将全市的工程规划给我们看。我们提出要考察一些治沟造地工程,他给领导打了电话。这个电话打完后,他的态度180度大转弯,立即收回了工程规划,并说不能派人陪同考察,也不方便与县区联系,要我们自己联系。

　　这是意料之中的事。我已有预案,没有与其他县区的治沟办联系,直接去现场,考察了网上报道的子长县西山沟和延川县梁家河沟等治沟造地工程。这些工程快速填沟造地,建成了大片平整农田,但也发生了比较严重的水毁灾害,主要原因是没有重视坝库填土的湿陷性。治沟造地挖取两侧坡地黄土,填满坝库后平整土地,修建田间道路,填土经过施工机械的压实,但压实程度不一。浆砌石永久性排洪沟修建于填土形成的坝库农田的一侧或两侧坡脚老土上,修建时排洪沟高程略低于田面。我们观察到的实际情况是:坝库暴雨积水,填土湿陷沉降,田面出现凹坑和落水洞穴,部分田面高程低于两侧排洪沟(照片16)。由于洪水流量大或局部阻塞的缘故,排洪沟漫水,洪水径流流向坝库农田,不但排洪沟毁坏,流域洪水也全部进入坝库。坝地积水成为泽地,部分坝地洪水通过落水洞穴地下流失。淤地坝坝地是径流带来的泥沙淤积而成,不存在湿陷性的问题,坝库填土的湿陷性是 治沟造地工程"发展"淤地坝工程带来的新问题。

照片16 延安治沟造地沟的暴雨积水后填土湿陷

回西安后,我们向安院士汇报了考察发现的工程水毁灾害,起草咨询报告也不得不暂时搁置。延安治沟造地争论很大,我拜读了正反两方面的文章,结合考察发现的问题,对治沟造地进行了认真地思考,草成了《延安治沟造地是黄土高原淤地坝建设的继承与发展》一文。该文简要介绍了20世纪50年代以来黄土高原淤地坝建设的艰辛历史,和近年来延安市治沟造地的进展;认为治沟造地在继承几十年来淤地坝建设的成功模式基础上,改坝库天然淤沙为人工填土,快速造地,变荒沟为良田,大方向是正确的;但要尊重科学,重视黄土的湿陷性问题。建议治沟造地不要急于求成,坝库填土湿陷稳定后,方可修建永久性排灌沟渠和硬化田间道路,之前可修建临时性土质沟渠和道路。

56.晋陕蒙接壤区砒砂岩与鄂尔多斯地台油气与铀矿藏的关系

砒砂岩是指分布于晋陕蒙接壤地区以红色和白色色调为主的、主要由砂岩、粉砂岩及泥岩组成的半固结碎屑岩组合,包括二叠系、三叠系、侏罗系和白垩系地层。由于该套岩层固结程度低、极易发生风化剥蚀,侵蚀强烈,特别是重力侵蚀。该区是黄土高原侵蚀最剧烈的区域,土壤侵蚀模数可高达 3 万 ~ 4 万 $t/km^2 \cdot a$,被中外专家称为"世界水土流失之最"和"环境癌症"。人们视其危害毒如砒霜,故称其为砒砂岩。这些地层在晋陕蒙接壤区之外的地区,岩层沙粒间胶结程度尚好、结构强度不低,水土流失并不严重。我承担国家"七五"攻关计划项目《黄土高原地区综合考察》的"黄土高原重力侵蚀"专题时,曾试图用"上覆岩层厚度小、压力低,成岩程度低",解释砒砂岩沙粒间胶结程度差的原因。见《黄土高原地区土壤侵蚀区域特征及其治理途径》(唐克丽、陈永宗主编)的第三章"重力侵蚀的区域特征及防治对策",显然,这种解释非常勉强。

我喜欢看央视科技频道的节目。2016 年 9 月的关于内蒙古东胜特大型砂岩铀矿的节目使我茅塞顿开。节目的大意是,东胜铀矿的形成与鄂尔多斯盆地的油气输移有关,油气携带成矿物质由南向北输移,在北部伊盟隆起东胜一带沉积下来形成铀矿;东北部晋陕蒙接壤区构造开口,油气逸散,没有油气田,也没有铀矿。节目还谈及了油气还原性强,溶解砂岩的沙粒间胶结物质的作用,我意识到这可能是砒砂岩沙粒间胶结程度差,固结程度低的原因。

之后,我拜读了马艳萍的博士论文《鄂尔多斯盆地东北部油气逸散特征》等文献,解开了"砒砂岩"成因之谜。红层漂白现象记录反映了浅表层油气运移、经过的行迹,是证明油气是否曾经存在及其逸散规模的重要证据。盆地东北部砂岩漂白现象与地层中天然气向北运移并逸散密切相关。天然气为酸性还原性气体,当还原性气体进入红层时,通过与Fe^{3+}的化学还原反应,生成可溶性物质之后从红层中移开,从而红层被漂白。流体漂白岩石的同时,也溶解了岩石沙粒间的碳酸盐胶结物质,导致固结程度低,形成砒砂岩。天然气逸散改变了铀成矿体系的氧化还原电位,为铀成矿提供了有利的环境,促使铀成矿及后期保矿。

鄂尔多斯盆地为南低北高、总体向西缓倾的大单斜。北部伊盟隆起为地质历史上多期发育的古隆起,是油气运移的长期指向。鄂尔多斯盆地的油气和铀矿均主要分布于中生代地层,从盆地的油田–气田–铀矿–漂白砂岩分布图可见,油田分布于盆地的南部,气田分布于中部,北部伊盟隆起无中生代油气田分布。东胜铀矿位于隆起的中东部,层状的砂岩铀矿矿体分布于氧化还原过渡带。伊盟隆起东部的东胜铀矿以东地区与晋西扰褶带交汇,断裂发育,鄂尔多斯盆地向北东开口,天然气大量逸散,漂白砂岩广泛分布,漂白砂岩分布区往往有油苗出露,是天然气逸散的残留物。由于天然气沿断裂逸散,因此漂白砂岩不限于中生代地层,二叠石盒子组地层也有漂白砂岩分布(图32)。

(三)长江上游

57. 川中丘陵区的现代侵蚀模数

泥沙是长江三峡工程的关键环境问题之一。1988年,为了解决三峡工程的泥沙问题,国务院批准了长江上游水土保持重点防治工程(简称"长治"工程),并在四个重点水土流失区实施。四川省为了将其核心区域——川中丘陵区列为重点水土流失区实施

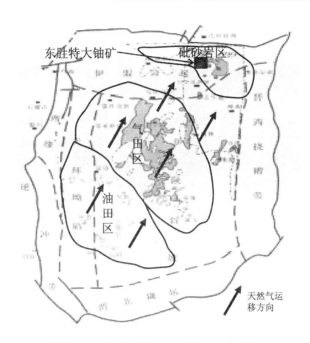

图32　鄂尔多斯地台油、气、铀矿藏和砒砂岩空间分布及天然气运移方向

"长治"工程,动了一番脑筋。编制的土壤侵蚀图将川中丘陵区划为强度侵蚀区,金沙江下游区划为中度侵蚀区。用川中丘陵区的泥沙输移比低(0.1)、金沙江下游区的泥沙输移比高(0.6)来解释前者的输沙模数 $300 \sim 500 \ t/km^2 \cdot a$ 远小于后者 $3\ 000 \ t/km^2 \cdot a$ 的现象。刚刚建成的遂宁县(今遂宁市)水保站径流小区,1986 年测得的高流失量数据支持了川中丘陵区土壤侵蚀强烈的观点。1990 年,水利部全国第一次土壤侵蚀遥感调查公布的川中丘陵区侵蚀模数为 $3\ 000 \sim 5\ 000 \ t/km^2 \cdot a$,属强度侵蚀区。

　　1988 年,为了配合长江上游水土流失的治理,水利部和中国科学院协商将我所改名为中国科学院水利部成都山地灾害与环境研究所,并成立水土保持研究室,我被任命为水保室主任。我对川中丘陵区比较了解,侵蚀强度无法与黄土高原相比,远达不到强度侵蚀的程度。我身在四川,不能"吃四川的饭,挖四川的墙脚"。我又不想说违心的话,有意识地回避了四川省的第一次土壤侵蚀遥感调查,没有公开否定遥感调查的结果。当然"话"是要说的,但要时机成熟和有充分的科学依据。科学查明川中丘陵区的水土流失严重程度是我义不容辞的责任。1996年后,我将侵蚀泥沙研究工作的重点转移到长江上游,承担了长江水利委员会"九五"重点项目"'长治'工程减蚀减沙效益研究"和973项目"长江流域水沙产输及其与环境变化耦合机理"中的"不同生态水文区小流域泥沙平衡"专题等科研项目,积累了说"话"的科学依据。

受黄土高原通过淤地坝坝库淤积研究的启发,我们在川中丘陵区采用塘库沉积物^{137}Cs断代和淤积量调查的方法,通过塘库淤积量求算小流域产沙模数。我的学生伏介雄在当地水利部门的配合下,实地调查了南充市金凤乡流溪河流域内71个塘库淤积量,根据淤积量,推算小流域产沙模数,求得的平均值为762 t/km^2·a。我们在四川盐亭、南充和重庆开县三地的四个小流域塘库沉积^{137}Cs示踪断代研究时,利用1963年^{137}Cs蓄积峰进行塘库沉积物断代(图33),计算1963年以来的塘库泥沙淤积量,推算小流域产沙模数。四条小流域中,地处川东平行岭谷区的开县春秋沟产沙模数最高,达1 869 t/km^2·a;其余地处川中丘陵区的3条小流域较低:盐亭武家沟和集流沟分别为701 t/km^2·a和710 t/km^2·a;南充天马湾沟566 t/km^2·a。这四条小流域的流域面积均小于1 km^2,塘库以上流域内基本无泥沙沉积。考虑到塘库以上流域内的少量泥沙沉积和塘库出水携带的少量泥沙,我们给出的开县、南充和盐亭的侵蚀模数分别为2 000 t/km^2·a、1 200 t/km^2·a和1 000 t/km^2·a左右。南充和盐亭的侵蚀模数远低于3 000~5 000 t/km^2·a的遥感调查值(表6)。

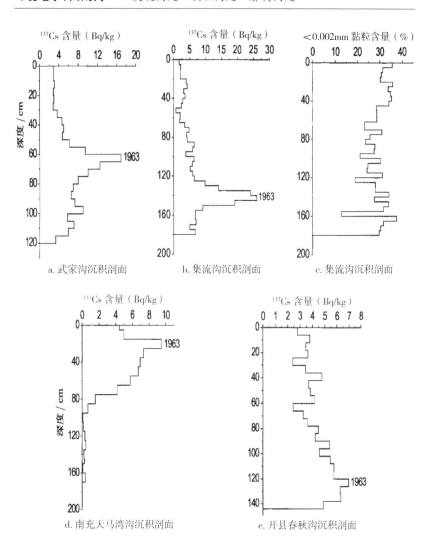

图33　川渝四个小流域塘库沉积的¹³⁷Cs 深度分布

a.盐亭武家沟；b.c:盐亭集流沟；d:南充天马湾沟；e:开县春秋沟。

表6　塘库沉积的 ^{137}Cs 含量、分布深度特征值及流域淤沙模数

塘库所在流域	取样时间	淤沙区面积（m^2）	1963年 ^{137}Cs 蓄积峰深度（cm）	1963年 ^{137}Cs 峰值浓度（Bq/kg）	表层泥沙 ^{137}Cs 浓度（Bq/kg）	1963年以来淤沙体积（m^3）	淤沙模数* （$t/km^2 \cdot a$）
盐亭武家沟	2003.10	7 349	60	16.86±0.98	2.92±0.24	4 409	701
盐亭集流沟	2003.5	1 259	145	26.03±1.40	1.74±0.14	1 826	710
南充天马湾沟	2004.7	5 534 （水面面积）	25	9.50±0.56	4.44±0.29	1 384	566
开县春秋沟	2004.4	25 400 （水面面积，11 400）	125	6.95±0.43	2.78±0.20	31 750	1 869

注：* 泥沙容重 $\gamma = 1.4 t/m^3$

2006年，973项目"长江流域水沙产输及其与环境变化耦合机理"课题验收，我汇报了川中丘陵区土壤侵蚀模数的研究背景和结果，验收组专家四川大学丁晶教授说："你不是一个真正的科学家，当时你已经认识到川中丘陵区侵蚀模数没有那么高，为什么不提出来！"我答道："如果我当时发表文章阐明我的观点，恐怕我也没有现在发言的机会了。"

58. 坡耕地是长江上游河流泥沙的主要策源地吗？

针对长江上游坡耕地多、人均耕地少、人民生活贫困、水土流失严重的实际情况，长江水利委员会做出了"长治"工程要以"以坡改梯为突破口"的决策。坡耕地水土流失严重是不争的事实，虽然没有经过严密的科学论证，坡耕地仍顺理成章地被认为是长江上游河流泥沙的主要策源地。"坡耕地是长江上游河流泥沙的主要策源地"不但见诸领导讲话，水利水保部门的文件报告和媒体宣传，一些科学论文没有经过严密的科学论证也随声附和。

我们在金沙江下游区和川中丘陵区开展的河流泥沙来源的 ^{137}Cs 和 ^{210}Pb 同位素示踪研究结果表明，山高坡陡、沟谷侵蚀强烈的

金沙江下游区,坡耕地产沙占河流泥沙的 10% ~ 20% ;坡耕地多、土地垦殖率高的丘陵川中丘陵区占 40% ~ 50% 。显然,坡耕地不是长江上游河流泥沙的主要来源。文安邦和我分别撰写了《云南东川泥石流沟与非泥石流沟^{137}Cs 示踪法物源研究》和《川中丘陵区小流域泥沙来源的^{137}Cs 和^{210}Pb 双同位素法研究》等文章。

　　一些自然科学的问题要通过社会科学解决,为了扭转"越垦越穷,越穷越垦"的恶性循环和水土流失日趋严重的局面,我支持"长治"工程要以"以坡改梯为突破口"的决策。虽然认识到坡耕地不是长江上游河流泥沙的主要策源地,我也没有公开指出"坡耕地是长江上游河流泥沙的主要策源地"的科学错误。

59. 川中丘陵区的自然侵蚀速率与泥沙输移比

　　2004 年,我和贺秀斌等沿老成渝公路考察,选择开展侵蚀泥沙核示踪研究的小流域,途经内江市沱江东岸郭北镇时,看到分水岭处有大面积马尾松林分布,感到有些奇怪。川中丘陵区的土壤主要为中 - 偏碱性的紫色土,不适合马尾松生长,分水岭处有地带性酸性黄壤分布? 我们驱车前去,分水岭是 10 km^2 左右的长坝山岗丘高平原,为沱江的河流阶地,有大面积砾石层分布,黄壤覆于砾石层之上。阶地海拔约 400 m,是当地的最高一级地形面(图 34)。我意识这是长江三峡贯通前的河流平原面,以此地形面为基准,可以利用盆腔法求算长江三峡贯通以来川中丘陵区的地质侵蚀速率,为研究人类活动对川中丘陵区土壤侵蚀、河流泥沙和泥沙输移比的影响提供可靠的自然侵蚀速率数据(亦称地质侵蚀速率)。

　　盆腔法求算侵蚀速率的前提条件是河流下切前的地形基本平坦,根据岩土侵蚀体积可以计算出侵蚀速率,如中国科学院北京地理所张勋昌等求算的陕北洛川塬中更新世以来的自然侵蚀速率。刘兴诗等老前辈对四川盆地河流阶地的研究相当深入,川中丘陵

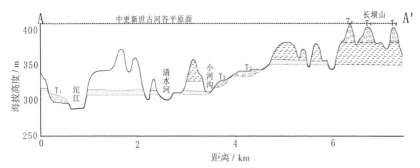

图34　四川内江沱江东岸地貌与第四纪地质剖面图

区和长江三峡的河流阶地是连续的,完全可以对比;各级阶地的年龄,各家虽有争议,但差别不大。长坝山岗丘高平原表明,三峡贯通前内江一带的川中丘陵区是广袤的平原,由于长江三峡的贯通,沱江及其支流伴随急剧下切,古平原被沟壑肢解为现今起伏的丘陵。我们用DEM模型法求算了长坝山的小河沟小流域(流域面积10.88 km²)高平原面和现今地面之间的沟谷盆腔体积,为6.57亿m³。据李吉均等对三峡一带的研究,此级阶地的年龄为70万年。取岩土容重 $\gamma = 2.5$ g/cm³。求得70万年以来的自然侵蚀速率为216 t/km²·a。略低于沱江川中丘陵区区间的现代输沙模数397 t/km²·a。小河沟流域内,第四纪松散堆积物总量不超过200万m³,和侵蚀岩土体积6.57亿m³相比,自然泥沙输移比毫无疑问接近于1(川中丘陵区小流域自然侵蚀模数的初步研究)。

2012年,我陪同新加坡大学地理系的 Prof. Higgitt 和莫斯科大学地理系的 Prof. Golosov 考察了长坝山,他们均同意长坝山岗丘高平原是三峡贯通前的河流平原面的解释,认为这也是唯一的解释。

60. 长江流域自然泥沙输移比与三大地貌 阶梯空间分布的耦合关系

20世纪50年代,美国学者分析密西西比河水文资料时发现,输沙模数随着流域面积增大而减少的现象,认为这是泥沙沿程沉积的结果,得出了泥沙输移比和流域面积呈反比的结论。苏联和英国等国的河流水文资料存在同样的现象,因此泥沙输移比和流域面积呈反比的结论得到了这些国家科学家的认同,逐渐被认为是全球河流泥沙输移比的普遍规律。我国学者龚时旸和熊贵枢等通过水文资料的分析,认为黄河中游的泥沙输移比接近于1,不存在与流域面积呈反比的关系,并认为这是由于黄土颗粒组成细,以粉沙为主,易于径流搬运,沟道内不易沉积的缘故。长江上游的泥沙输移比没有深入的研究,一些学者根据长江上游1:50万的土壤侵蚀图,量算了整个上游流域和主要支流流域的不同侵蚀强度区的面积,计算了侵蚀量,再用计算的侵蚀量和水文站的悬移质输沙量进行对比,得出了长江上游总侵蚀量约16亿t,输沙量5.3亿t,平均泥沙输移比为0.3;金沙江山高谷深,河流湍急,泥沙输移比为0.6;川中丘陵区丘缓谷浅,泥沙输移比为0.1的结论。许多学者也认识到,利用1:50万的土壤侵蚀图计算求得的侵蚀量数据是不可靠的,但也没有其他好的办法来求算泥沙输移比。

我的朋友,北京地理所的景可先生对"泥沙输移比和流域面积呈反比"的普遍规律持有异议,认为流域泥沙输移比不受控于流域面积的大小,而取决于流域所在区域的地质构造单元的性质、地貌类型及土地利用等多个因素,他认为长江上游泥沙输移比远高于以上值。我和我的师兄史立人(长江委水土保持局教授级高工)也聊过长江上游泥沙输移比的问题,他说:"长江委担心国家投入巨资的'长治'工程实施后,河流泥沙如无明显减少,无法向全国人民交账。如果出现那种情况,可以泥沙输移比低来解释"。

如上一个故事所云,通过内江附近沱江河流阶地的研究,我得出了川中丘陵区自然泥沙输移比接近于1的结论。受此启发,我从河流阶地的角度分析了长江流域不同构造地貌区的自然泥沙输移比。长江流域横跨我国三大地貌阶梯。第一阶梯为青藏高原面,高原面为寒冻夷平面,地势丘状起伏,融冻侵蚀是主要侵蚀方式,河谷宽阔,河流纵比降小,曲流发育,河流阶地多为埋葬阶地和堆积阶地,河流输沙模数小,多低于 150 t/km² · a。宽阔的河谷和埋葬型、堆积型阶地河流阶地表明谷地内泥沙堆积强烈,自然泥沙输移比应小于0.2。第二阶梯为青藏高原以东的横断山—巫山、雪峰山之间的区域,山高谷深,河流深切,纵比降大,流水侵蚀是主要侵蚀方式,在活动性断裂分布的地区,滑坡、泥石流等重力侵蚀活跃,除断陷盆地和谷地外,河流阶地以基座和侵蚀阶地为主,河流输沙模数200 ~ 3 000 t/km² · a 不等。基座和侵蚀阶地表明,第四纪以来谷地泥沙堆积非常有限,除断陷盆地流域外的地区,自然泥沙输移比应接近于1。第三阶梯为巫山、雪峰山以东的长江中下游平原丘陵区,地势平缓,河流纵比降小,湖泊、曲流发育,河流泥沙大量堆积于河道、湖泊和两岸平原,河流阶地以埋葬阶地为主,该区的自然泥沙输移应低于0.2。

美国密西西比河、苏联大部分河流和英国的河流为平原型河流,地势平缓,河流纵比降小,河流泥沙大量堆积于河道和两岸平原,河流阶地以埋葬和堆积阶地为主。根据这些河流的水文资料得出的河流泥沙输移比小于1 及和流域面积呈反比的结论,不是全球河流的普遍规律,只适用于地质地貌条件类似的河流,不能囫囵吞枣地搬用。

61.1996 年前,金沙江和嘉陵江输沙量变化趋势不同

1996 年前,我没有涉足长江上游河流泥沙的研究,但也关注围绕三峡工程泥沙问题的相关文献和媒体报道。三峡工程论证时,长江水利委员会主流观点认为,水文资料分析表明,长江上游干流和金沙江、嘉陵江等主要干支流近几十年来的输沙量变化属于正

常的波动,人类活动对河流输沙量既有正的影响,也有负的影响,但没有改变正常波动趋势。张平1992年的文章指出了20世纪80年代以来,金沙江干支流的沙量增加的现象,他用"多年降雨低值区(强产沙区)降雨日增加,暴雨日数增高,而多年降雨高值区的年降雨量及暴雨日数又明显减少"的理由进行了解释。三峡工程论证时,部分专家认为,1981—1984年宜昌站年输沙量偏大,表明宜昌的年输沙量已出现了增加的趋势。"长江要变成第二条黄河"等耸人听闻的报道也见于一些媒体。

鉴于自然地理环境的巨大差异,我不认为长江会变成第二条黄河,但20世纪70年代以来金沙江下游区龙川江等支流输沙量明显增加的趋势是不争的事实,我不同意张平用降雨的特殊性来解释20世纪80年代以来金沙江干支流的沙量增加的现象。我国水文部门过去有一个很好的传统,每年将各水文站的观测资料整编成册(红本子),内部发行。受商品经济熏陶等原因,1985年后红本子不再发行,科研单位难以获得近期水文资料。

1998年长江发生特大洪水,《中国水土保持》约我写了一篇名为《长江上游河流减沙任重道远——以金沙江下游区为例》的文章,指出20世纪80年代以来,金沙江下游区干支流输沙量明显增加的趋势。一些支流,如云南楚雄州龙川江,20世纪70年代输沙量就开始增加,90年代的年均输沙量和含沙量分别是60年代的156%和186%。认为金沙江下游区山高坡陡,河谷深切,地质破碎,干热河谷气候干燥,植被破坏后难以恢复;乱砍滥伐、毁林开荒和工程建设是近期河流输沙量增加的主要原因。

由于"'长治'工程减蚀减沙效益"课题的需要,2000年我的师兄史立人给了我截至1996年的长江干流宜昌站和支流金沙江屏山站、嘉陵江北培站的径流、输沙量资料。通过资料分析,我和文安邦撰写了《长江上游干、支流河流泥沙近期变化及其原因》一文,并发表于《水利学报》,外文稿 *Current changes of sediment yields in the upper Yangtze River and its two biggest tributaries*, *China* 发表于 *Global and Planetary Change*。论文的主要观点是:20 世纪 80 年代以来,嘉陵江北碚站输沙量呈明显减少,植被恢复、水土流失治理和塘库拦沙是其主要原因。金沙江输沙量呈现略有增加的趋势,主要是泥沙主要来源于沟谷侵蚀,而植被恢复和坡面水土流失治理对防止沟谷侵蚀作用不大、塘库水利工程较少,以及工程建设增沙强烈的缘故。两条主要支流输沙量一增一减,导致干流(宜昌站)的输沙量未见明显的变化(表7)。此文反响较好,对扭转"长江上游河流泥沙呈不断增加趋势"的一般认识起到了一定的作用。

表7 长江干流(宜昌站)、嘉陵江(北碚站)和金沙江(屏山站)
年径流量($10^8 m^3$)、年输沙量($10^8 t$)近期变化

时段(年)	宜昌站		北碚站		屏山站	
	年均径流量	年均输沙量	年均径流量	年均输沙量	年均径流量	年均输沙量
1954—1959	4 371.3	5.85	674.0	1.48	1 481.3	2.60
1960—1969	4 534.8	5.49	750.3	1.82	1 491.5	2.40
1970—1979	4 146.0	4.75	604.1	1.07	1 331.6	2.21
1980—1989	4 448.0	5.63	764.1	1.40	1 404.0	2.56
1990—1996	4 210.0	4.07	573.2	0.49	1.38	2.58
平均	4 348.5	5.17	516.2	1.28	1.41	2.45

62. 水库蓄水滞洪降低河流挟沙能力,导致下游输沙量减少的机制

2007 年 7 月,我参加了在印度召开的国际水文科学协会大陆侵蚀委员会年会,会议主题是亚洲河流泥沙,湄公河(上游在中国

境内,称澜沧江)近期输沙量减少和河床冲刷问题是会议的热点。新加坡大学的吕喜玺等认为,漫湾等澜沧江大型水库拦沙是主要原因。英国的 Prof. Walling 认为,由于降水、径流、输沙量和土地利用的可靠资料有限,难以确认中国境内大型水库拦沙是主要原因。尽管专家们对湄公河输沙量变化的趋势和原因认识不一,但对水库影响下游河流输沙量机制的观点相同:水库拦沙,输入下游的泥沙减少;水库下泄清水冲刷河床,泥沙得到补充,含沙量逐渐恢复。

　　我没有研究过干流大型水库对下游河流输沙量的影响,但隐约感到可能还存在另一种机制:水库蓄水滞洪,削减洪峰流量,挟沙能力降低,输沙量减少。前几年,我和吴积善、汪阳春等考察南水北调西线工程,讨论工程拟建水库对阿坝县防洪影响时,认为拟建水库削减下泄洪峰流量,降低挟沙能力,两岸泥石流来沙不能顺利排向下游,可能会导致县城附近的河床淤积,进而影响县城防洪。Walling 报告后,我向他提出了"水库蓄水滞洪,降低河流挟沙能力"的问题。他答道,这一机制对大河输沙量变化的影响可能有限,验证也很困难,研究水库对大河输沙量影响时,一般未予考虑。会下,我向 Walling、吕喜玺介绍了我提出的机制,并画了一个"水库蓄水滞洪后的河流输沙量沿程变化的草图",他们感到有道理,但认为要有资料验证。

　　回国后,我拜读了水库对河流河床演变和输沙量影响的大量文献,发现"河流挟沙能力"的理论主要用于阐明下游河床变化趋势,如我国韩其为院士等讨论三峡水库对下游河床演变的文章,未见将水库下游河流输沙量减少归咎于输沙能力降低的文章。一些研究比较深入的水库,如国外埃及尼罗河的阿斯旺水库,和我国黄河的三门峡水库和长江的三峡水库等,下游均为产沙量不大的平原和丘陵地区,水库修建后的下游河流输沙量减少值均低于水库拦沙量,不能用以验证"水库削减下泄洪峰流量,降低挟沙能力,导致输沙量减少"的机制。这可能是前人没有用这一机制解释水库影响下游输沙量变化的原因吧。

要验证"水库蓄水滞洪降低河流挟沙能力,导致下游输沙量减少"的机制,必须选择水库下游是产沙量大的强烈侵蚀区的河流,我联想到雅砻江的二滩电站,雅砻江和金沙江汇口以下的金沙江下游区是强烈侵蚀区,输沙模数为 3 000 t/km² · a。2000 年之后,水利部每年发布泥沙公报,公布主要江河重点水文站的年径流量和输沙量。我分析了截至 2007 年的金沙江雅砻江汇口以下的华弹站、屏山站和汇口以上的攀枝花站的径流、输沙量资料,验证了我提出的"水库蓄水滞洪降低河流挟沙能力,导致下游输沙量减少"的机制。

二滩水库库容 58 亿 m³,水库控制面积、径流量和输沙量分别占金沙江屏山站的 24.0%、36.9% 和 11.1%。水库 1998 年建成蓄水后,雅砻江汇口以下的华弹站和屏山站,1999—2007 年的年均输沙量分别比 1988—1998 年减少 0.6 亿 t 和 0.91 亿 t,而汇口以上的攀枝花站增加了 0.08 亿 t(表 8)。两站年均输沙量的减少值 0.6 亿 t 和 0.91 亿 t,远大于二滩水库的年均入库输沙量 0.27 亿 t,水库拦沙不是下游河流输沙量减少的唯一机制。有人将华弹站和屏山站 1998 年以后的输沙量减少主要归功于"长治"和"天然林保护"等水土保持生态修复工程,但这些生态工程对河流泥沙的影响不可能出现"立竿见影"的效果。二滩水库 1998 年建成蓄水后的金沙江华弹站和屏山站的输沙量变化,很好地验证了"水库蓄水滞洪降低河流挟沙能力,导致下游输沙量减少"的机制。

经过反复思考和与 Prof. Walling 的讨论,我提出了水库下游河流输沙量时空变化的三种理想模式(图 35),详细内容可参见我撰写并刊登于 2011 年《泥沙研究》的《大型水库对长江上游主要干支流河流输沙量的影响》一文。

表8 金沙江攀枝花、华弹和屏山水文站1988—1998年和
1999—2007年的年均径流量和输沙量对比

站名	集水面积（km²）	年均径流量（×10⁹ m³/a）			年均输沙量（×10⁸ t/a）		
		1988—1998	1999—2007	变化（%）	1988—1998	1999—2007	变化（%）
攀枝花	28.5	0.59	0.62	0.03（+5.1）	0.59	0.67	+0.08（+13.6）
华弹	43.0	1.32	1.39	0.07（+5.3）	2.15	1.55	－0.60（－27.9）
屏山	48.5	1.44	1.54	0.10（+6.9）	2.85	1.94	－0.91（－31.9）

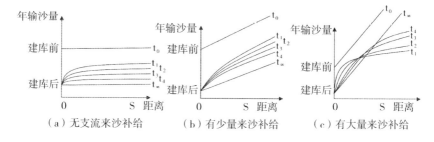

图35 大型水库对下游河流输沙量影响的三种时空变化模式

63. 三峡入库沙量近期大幅减少的原因

20世纪70年代以来,黄河输沙量出现了急剧减少的趋势,利津站的年输沙量从16亿t减少到7亿t,水利部前部长钱正英院士指示开展这一问题的研究,启动了相关科研项目。不同学者的研究结论大相径庭,争论也相当激烈,最后钱部长"裁决",水库和淤地坝等水利工程,坡改梯和植被恢复等水保工程和气候变化的贡献各占1/3。进入21世纪,三峡水库入库沙量也出现了大幅减少的趋势,输沙量从年均5亿t减少到2亿t多,再也听不到"长江要

变成第二条黄河"的声音了,一些学者又撰文讨论三峡水库入库沙量减少的原因,大部分学者认为,除水库拦沙外,水土保持等生态修复工程也是重要的原因。

我收集了金沙江、嘉陵江、岷江和乌江等长江上游四条主要支流径流、输沙量和大型水库的资料,用水库下游河流输沙量时空变化的三种理想模式,结合水库特征和运行情况,以及流域内土地利用变化和水土保持生态修复工程实施情况,分析了这四条河流输沙量近期变化趋势及其原因,认为这四条河流输沙量近期变化趋势不一,原因也不尽相同(见 2011 年《泥沙研究》中《大型水库对长江上游主要干支流河流输沙量的影响》一文)。

金沙江输沙量 1998 年以后急剧减少,主要应归功于二滩水库拦沙和下游河流挟沙能力降低,而"长治"和"天然林保护"等水土保持生态修复工程的作用有限。嘉陵江 20 世纪 70 年代以来输沙量的减少,是大型水库、星罗棋布的塘库和流域生态环境改善水土流失减轻的综合结果。岷江高场站 1956 年以来的输沙量总体没有发生明显变化,1970 年和 1993 年的两次波动,与龚嘴、铜街子两座水库建成蓄水有关,由于两水库库容小,分别为 7.61 亿 m^3 和 7.64 亿 m^3,发挥拦沙和滞洪作用的期限短,几年后输沙量迅即恢复到正常水平。乌江武隆站的输沙量,1984 年出现减少的趋势,2001 年后更进一步减少,分别与 1983 年建成的乌江渡电站和 1990 年以后修建的东风、洪家渡、索风营、构皮滩和普定等一系列水库蓄水拦沙有关。

岷江和乌江的输沙量仅占三峡入库沙量的 20%,金沙江和嘉陵江输沙量的减少是近期三峡入库沙量减少的主要原因。综合以上四条主要支流输沙量变化的分析,我们认为上游水库蓄水拦沙是三峡水库入库沙量减少的主要原因。文安邦主持的水利部公益性行业科研专项《长江上游重点产沙区的侵蚀产沙类型及其控制技术》总结报告中提出:水库蓄水拦沙,"长治"等水土保持生态修复工程和气候变化对近期长江上游输沙量减少的贡献率分别为60%、25%和15%。

64. 金沙江水库拦沙对三峡水库磷污染影响的忧虑

2000年前后,我当过上海一家水体污染治理公司的客串专家,主要从事与湖泊、水库污染治理相关的流域水土保持规划工作,如天津于桥水库、云南石屏县的异龙湖等。这个公司聘请的专家大部分为水体污染治理方面的专家,如南京湖泊与地理研究所的屠清瑛研究员和天津环科院的朱萱研究员等。公司客串专家的这段经历使我增长了水体富营养化方面的知识:水体中的磷可分为溶解态和非溶解态,非溶解态磷是泥沙所含的磷。泥沙所含的磷又可分为矿物态磷和吸附态磷;磷不能降解,只能通过泥沙吸附去除,从富营养化水体中除磷的难度很大。

水体污染治理公司客串专家的经历,使我认识到泥沙吸附水体中溶解态磷的功能。长江上游的金沙江等河流上未来数十年将兴建一系列大型电站水库,这些水库蓄水拦沙降低了河流的含沙量,水体中泥沙吸附态磷的比例降低,溶解态磷的比例增加。溶解态磷对水质的影响较大,我产生了上游水库拦沙影响三峡水库水质的担忧。金沙江流域山高谷深,重力侵蚀致使该江的产沙比例大,河流泥沙比较"干净",而四川盆地汇入长江的支流,如岷江、沱江等,水体污染较严重;金沙江"干净"的泥沙吸附来自四川盆地支流汇入长江的污染物质,对降低川江水体中的溶解性磷含量起到了一定的作用。因此,我特别关注溪洛渡等金沙江水电工程拦沙"干净"泥沙减少,对川江水体中的溶解性磷含量的影响。

2006年,四川大学的艾南山教授委托我代培他的一个在职博士生曹植箐,曹博士是从事化学分析工作的,我就请她开展这一问题的研究并完成她的博士论文。

我们采集了金沙江和金沙江汇口以下川江干流及支流岷江、沱江的水和泥沙样品,测定了水体的溶解磷,泥沙的有效磷和全磷含量。分析结果验证了我的看法,金沙江泥沙的有效磷含量最低,川江干流次之,岷江和沱江等支流最高。川江干流泥沙的有效磷含量呈向下游增加的趋势,磷固定能力呈向下游降低的趋势,反映了干流泥沙沿途不断吸附四川盆地支流汇入干流中的溶解性磷,磷固定能力有所降低。金沙江输沙的年有效磷通量和年磷固定能力分别为 382 t 和 6 885 t,分别相当于三峡库首朱沱站的 2.6% 和 46.8%。溪洛渡水库拦蓄泥沙,金沙江来沙吸附川江水体溶解态磷的量将有所减少。水库投入运行后的前 50 年,金沙江来沙的磷固定能力将降低约 60%,由此引起的入库径流溶解磷含量实际增加值,还需开展进一步的试验研究(见 2009 年发表于《长江资源与环境》第二期的《溪洛渡水电工程拦沙对三峡水库富营养化潜在影响的初步研究》一文)。

(四)其他

65. 健康河流与土壤允许流失量

土壤流失越少越好,河水越清越好,不但是社会大众也是科学界的一般共识。2004 年,我应邀参加"模型黄土高原研讨会",作了《^{137}Cs 等核示踪技术在黄土高原侵蚀泥沙研究中的应用》的大会报告,也听了有关"健康黄河"的报告。"健康黄河"的概念是黄委会时任主任李国英提出的,其内涵当时还不明晰,指标也在讨论完善。我完全赞成"健康黄河"的概念,但从泥沙的角度,是不是"神人出,黄河清",含沙量越低越好? 显然不是,黄河不能清,没有泥

129

沙入海,黄河三角洲不但不能继续增长,还要出现严重的海岸侵蚀。长江的三峡工程建成后,下泄泥沙减少,河水含沙量降低,引起下游河道被冲刷,威胁两岸堤防安全。显然,没有泥沙的河流不是健康的河流。

健康的河流需要一定的含沙量,河流泥沙来源于土壤侵蚀,要维持健康的河流生态系统,流域内适度的土壤侵蚀是必要的,但允许土壤流失量(soil loss tolerance)的定义是:土壤侵蚀速率与成土速率相平衡,或长时期内保持土壤肥力和生产力不下降情况下的最大土壤流失量,简称 T 值。允许土壤流失量的理念是土壤流失越少越好,从河流生态系统的角度来看,允许流失量的提法不够严谨,存在缺陷。因此,我提出了"合理土壤流失量"的概念,其定义为:维持土地可持续利用和陆地生态系统(山地和河流)健康的土壤流失量,草成《允许土壤流失量与合理土壤流失量》一文,发表于《中国水土保持科学》2007 年第二期。

2006 年,为了配合水利部的全国水土流失科学考察,中国科学院安排了一个知识创新项目《中国水土流失现状、趋势与对策分析》,中国科学院水利部水土保持研究所李锐所长邀我参加项目的《水土流失治理标准与效益评价》课题,我将此文贡献给了项目。2006 年 7 月的杨凌项目会议上,我作了"允许流失量与合理流失量"的报告,引起了同仁的热烈讨论,大家都认为合理土壤流失量的提法有道理。会后,中国科学院地理科学与资源研究所副所长李秀彬先生和我聊天时问我:"你是怎么想起来的"。我说:"不像你们整天开会,忙大课题,我是一个闲人,偶然想起,慢慢琢磨出来的"。他说:"科学是闲人搞出来的,现在只有张先生你这种闲人才能思考一些科学问题"。后来我遇到北京林业大学的王礼先教授,他说:"这篇文章是我审的稿,我非常欣赏此文"。2006 年 9 月,我与美国农业部国家土壤侵蚀实验室的黄基华教授讨论过"允许土壤流失量"的概念,他完全同意"合理土壤流失量"这一概念,并告知美国最近有人也提出"soil losses for sustainable environment"的概念,内涵和"合理土壤流失量"基本一致。"合理土壤流失量"是"允许土壤流失量"的发展和完善,解决了后者理念上的局限性,使水土流失和"全球变化","可持续发展"及"健康河流"等相关领域的研究更加协调。

三、水土保持与生态修复

（一）土壤水分与植被修复

66. 赤子之心，将新西兰的辐射松引进到岷江干旱河谷

新西兰非常重视保护天然森林植被，占森林总面积80%的天然林为生态林，采伐需要得到特别的批准。新西兰也是世界上重要的木材出口国，木材主要来源于占森林总面积20%的人工林（主要是辐射松，pinus radiata），提供了85%的木材产量。辐射松原产于美国加利福尼亚州和墨西哥接壤的西海岸地区，原产地树形差，生产量低。辐射松19世纪引进到南半球的新西兰和澳大利亚后，长势远好于原产地。第二次世界大战后，为保护生态环境，新西兰大面积营造人工林，辐射松是最主要的造林树种。20世纪60年代以来，以辐射松为主的木材出口已成为新西兰的重要产业。

我在曼加图林区从事土流研究，整天在辐射松林地里打转转。耳濡目染，我非常羡慕辐射松的高生产量，年平均生长量25 m³/hm²左右，最高40 m³/hm²，因此产生了把辐射松引进国内的想法。通过和森林所同事的交谈和文献阅读，我对辐射松的适宜生长环境和世界分布情况有所了解。据森林所同事介绍，北半球植物引入南半球后，可能由于细胞旋转方向和地磁场关系发生突变，辐射松等植物引入地的长势好于北半球原产地，确切的机理尚不清楚。

除澳大利亚、新西兰外,辐射松在南非和智利等其他南半球也生长得很好,生产量也很高;北半球的西班牙生长得也较好,但生产量不如新西兰,英国也有,但生产量低。辐射松的适宜气候是:气温季节差异小,昼夜差异大,气候湿润,多夜雨,最忌高温潮湿的气候,可耐一定程度的严寒。辐射松耐贫瘠,对土壤要求不严格。

我分析了国内的气候条件,东部夏季高温潮湿,西北气候干旱,不适宜辐射松生长,西南的云贵高原和横断山山地一些地区的气候条件可能适宜辐射松生长。岷江干旱河谷的气候、地形、地质和土壤条件,与新西兰南岛的 Centre Otago 干旱河谷非常相近,那里也是新西兰品质最好的苹果产地,适宜开展辐射松的引种试验。1986 年回国后,我了解到我所季和子和苏春江同志承担了有关岷江干旱河谷植被恢复国家"七五"攻关项目的一个课题,和他们谈了我的想法,他们非常支持。我写信给我的朋友——新西兰森林研究所所长 Colin,希望他能够给予帮助,他立即表态给予无偿支持。1986 年秋,他率领新西兰森林代表团访问中国,行程结束后访问我所,我陪他考察了四川茂县岷江干旱河谷和云南东川小江干热河谷。1987 年,他派了两名科技人员携带辐射松等二十几种植物种子来中国,在茂县手把手地教中方人员播种和作了苗圃管理和定植技术的讲解。他们对中国的辐射松的引种情况很了解,告诉我云南的东川和昆明已经引种,我陪他们去看了这两地引种的辐射松。东川的长势很差,他们认为是气候不适合的缘故。昆明植物所黑龙潭植物园里的辐射松是美国华侨引种的(华侨的爱国之心),长势不错,但顶端有分叉现象,他们认为可能是缺硼的缘故。东川不适合种植辐射松,他们把大果柏木引种到了山地所蒋家沟泥石流站。1988 年,他们又到茂县指导辐射松的定植和讲解定植后的管理。

据闻,辐射松岷江干旱河谷引种取得了成功,生长量是油松的数倍,引起了四川省阿坝州林业局的重视,辐射松造林面积超过3 333 hm²。2008年汶川5·12大地震,我在汶川—理县的公路旁和山坡上见到了大面积种植的辐射松,长势可以,感到非常欣慰,毕竟为人民做了一点有益的事。我希望四川省林业厅和阿坝州林业局不要忘记新西兰森林研究所在岷江干旱河谷辐射松引种工作中做出的贡献。

67.元谋干热河谷"一块石头二两油"的民谚

1990年4月,所领导通知我,中国科学院兰州沙漠所所长朱震达先生要开展西南干旱河谷区荒漠化治理的研究,这次来选点,要我陪他去岷江干旱河谷看看。我见到朱先生后,通过交谈,知道了他的真正来意。兰州沙漠所有治理非洲萨瓦纳地区荒漠化的援外任务,萨瓦纳地区气候干热,西北地区的荒漠化治理措施未必适用,想在西南干旱河谷地区开展荒漠化治理试验研究,积累经验,为援外工作做好科技储备。我说:"岷江干旱河谷是干冷型,不适合;元谋干热河谷的气候和非洲萨瓦纳地区相近,我建议到元谋选点"。朱先生接受我的建议,我们去了元谋。4月份的元谋既干又热,红土地景观如同火焰山。朱先生说,找到地方了,马上要我和当地联系选点建站。他是前辈,又是我所顾问,我不得不照办,筹建了"成都山地所干热河谷水土保持生态试验站",我当了首任站长,从此涉足水土保持与生态修复领域。元谋县对建站非常支持,无偿提供了26.7 hm²土地,所里也给了2.5万元建站启动经费。当时建站,主要靠争取项目解决经费问题。中国科学院科技促进发展局(前身为中国科学院资源与环境局)也想办法为我们争取项目,为我们在国家"八五"科技攻关项目"脆弱生态环境综合整治与试验示范"中安排了"元谋干热河谷生态环境综合整治与试验示范"课题,经费为60万元。这60万元不但要搞科研,还要建站,经费非常紧张。

植被恢复是课题的重要研究内容,课题有在元谋站营造桉树林的任务。我后来得知,当地在元谋站一带造了两次桉树林,但都失败了。我知道,我们造林也未必成功,再说课题经费又极度困难,我真不想造林,但课题任务又不得不完成。1993年,我和四川遂宁的农民包工头商谈元谋站的造林任务,请包工头到拟造林的元谋站和已造林成功的元谋飞机场等林地踏勘。踏勘后,他说,"造林成功的那些山上有石头,元谋站全是土没有石头,造林难以成功"。我听了一愣,这有悖于"有土才好种树"的常识。我联想到当地"一块石头二两油"的谚语,包工头的说法可能有道理。回成都后,我从德国学者沃尔特的《世界植被》一书中找到了答案,该书深入浅出地阐明了干旱、半干旱地区土壤质地影响土壤水分环境的机理(图36)。黏质土孔隙度高,毛细孔隙比例高,降水入渗浅,地面蒸发耗水多,土壤水分环境最为干旱;石质土孔隙度低,非毛细孔隙比例高,降水入渗深,地面蒸发耗水少,土壤水分环境最为湿润;沙土的土壤水分环境介于两者之间。元谋站的土壤为元谋组泥岩发育形成的变形土或变形燥红土,是典型的黏质土;元谋飞机场地面出露的是阶地沙砾层,为石质土,下伏不透水的元谋组泥岩。沃尔特的理论与四川包工头的判断和元谋的谚语相符,我可以理直气壮地说,元谋站不能造林。一箭双雕,既解决了经费困难的问题,又避免了造林失败的风险。我没有按课题任务书营造桉树林,1994年改种了新银合欢灌木。

1995年10月,由中国科学院科技促进发展局(前身为中国科学院资源与环境局)副局长陆亚洲(组长)、云南省林业厅厅长(副组长)、沙漠所朱震达、董光荣教授、长江水利委员会总工史立人组成的验收组,赴元谋对课题进行了实地验收。我带领专家们考察

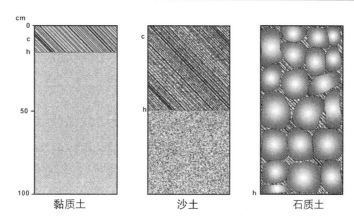

图36 干旱区降水50 mm之后,不同土壤保持水分的示意图

了桉树造林成功和失败的现场,阐明了根据岩土性质确定植被恢复类型的机理,专家们又看到元谋站1994年营造的新银合欢长势良好,认为课题在有关"干热河谷不同岩土组成坡地的土壤水分特点和植物类型"理论上取得了重要突破,变更造林树种(将桉树林改为新银合欢灌木林)合理。课题创造性地完成了"八五"科技攻关计划课题任务,我们后来又顺利地拿到了"九五"科技攻关计划课题,杨忠还申请获批了国家自然科学基金委的"元谋干热河谷岩土性质,土壤水分,植物生长"的面上基金。我执笔撰写的《云南元谋干热河谷区不同岩土类型荒山植被恢复研究》和《元谋干热河谷坡地岩土类型与植被恢复分区》两篇文章,分别发表于《应用与环境生物学报》和《林业科学》。

68. 黄土高原森林分布与黄土厚度的关系

黄土高原自然植被和水土流失治理措施的争论已久。史念海等历史地理学家根据史料和考古资料的研究,认为历史时期初期,黄土高原分布有广大的森林,森林之间间杂草原属于森林草原地带;地质学家根据黄土中的孢子花粉,认为黄土高原的原始植被为草原。水土流失工程治理派认为：根据"山顶戴帽子(造林)、山腰扎带子(梯田)、山脚穿靴子(打坝)"的模式,20世纪50~60年代,黄土梁峁顶部种植了大量的树木,但造林未能获得成功,残存的一些林地也多为小老头树。70年代种植沙打旺,初期长势喜人,几年后大面积死亡。人工造林种草往往出现土壤干层;生物治理派认为:黄土高原历史时期有大面积森林分布,可以恢复森林植被。

我以前已注意到黄土高原地区森林植被均分布于土石山区的现象。甘肃清水河考察时,我发现有一段河谷,东侧为基岩山地,天然植被为次生梢林灌丛;西侧厚层黄土山地,天然植被为旱生草灌,人工种植的油松大部死亡,当时未能解释这些现象。元谋干热河谷岩土组成与植被类型的认识取得突破后,我马上就联想到以前未能解释的现象。理论是 universal 的,沃尔特的理论完全可以解释这些现象。如何证明黄土高原地区森林植被分布于土石山区现象的存在? 我把聂树人先生《陕西自然地理》书中的《陕西森林分布图》和陕西省地矿局水文地质二队《黄河中游区域工程地质》书中的《黄土等厚度图》叠加,森林植被分布于土石山区的现象就凸显出来了,黄土高原地区的现有森林均分布于基岩山地和黄土厚度等值线小于 50 m 的黄土地区(图 37a)。

上述现象的机理解释与元谋干热河谷的一样。黄土高原气候条件较干旱,不同岩土组成的地块,土壤水分环境往往有较大的差异。黄土的孔隙特征值是:总孔隙度为 50%,田间持水量孔隙度为 28.0%,凋萎含水量孔隙度为 10.4%,有效水孔隙度为 17.6%。基岩孔隙特征表征为:总孔隙度为 5%,田间持水量孔隙度为 4%,凋萎含水量孔隙度为 1%,有效水孔隙度为 3%。假定 50 mm 的雨水降落到凋萎含水量的黄土和岩石理想地块上(无限广阔的平坦裸地,下伏极厚的组成、结构相同的岩土),并全部入渗,岩土浸润后的含水量为田间持水量,黄土理想地块的浸润深度为 28.4 cm,

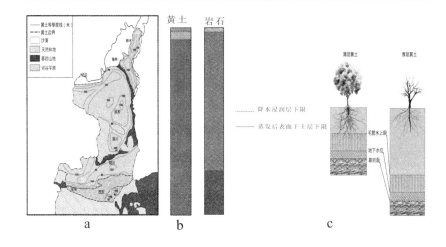

图37 黄土高原森林分布与黄土厚度的关系

a.陕北黄土高原森林分布与黄土厚度分布图；

b.黄土、岩石理想地块土壤水分入渗、蒸发示意图；

c.地下水补给植物水分示意图。

基岩地块的浸润深度为166.7 cm。蒸发继降水发生,假设表层10 cm土层干透,降低到凋萎含水量,黄土理想地块损失35.2%降水,基岩地块仅损失6.0%的降水。基岩地块水分入渗深度大,地面蒸发消耗水分少,土壤水分环境较为湿润,有利于根系较深的乔灌木的生长;黄土地块水分入渗深度浅,土壤蒸发消耗水分多,土壤水分环境较为干旱,有利于浅层根系发达的草本植物的生长(图37b)。薄层黄土区地下水埋深浅,乔灌木的根系可得到地下水的补给,也适合树木的生长(图37c)。根据以上的分析,我认为历史时期黄土高原为森林草原区,基岩和薄层黄土覆盖的山地的植被为森林;厚层黄土分布的地区,塬面和梁峁坡为草原,沟谷底部和谷坡中下部为森林。

黄土高原植被的恢复,不仅要考虑气候条件,更要考虑地面物质组成,特别是黄土的厚度。基岩山地和薄层黄土分布区的植被恢复应以森林为主;厚度黄土分布区,黄土厚度较大的梁峁坡的植被恢复应以浅根草灌为主,较薄的谷底和坡中下部则应以森林为主。

1994年,我和安芷生院士共同撰写了《黄土高原地区森林与黄土厚度的关系》一文。此文在《水土保持通报》发表后不久,黄委会的张胜利同志找到我说:龚时旸主任对你们的这篇文章很感兴趣,要原图,我随后寄给了他。1995年,龚主任是我参加的国家"八五"攻关计划课题"黄河中游侵蚀环境特征和变化趋势"的评委,我第一次和他见面,他和我谈起了他对上述文章感兴趣的原因。他说:"我看山西省自然地理图集时,已经发现山西的森林分布于土石山区,不分布于黄土区的现象,要我手下的人写文章,没有写出来,想不到你写出来了"。我也向他讲了元谋干热河谷"石头山好长树,土山不好长树"的认识形成过程和如何联想到黄土高原的。他告诉说:"我们也想采取生物措施治理黄土高原的水土流失,但二十世纪五六十年代种的树都死了,减少入黄泥沙是头等大事,不得不采取工程措施打坝拦沙。"他对我开展的黄土高原侵蚀泥沙 ^{137}Cs 法示踪研究也很感兴趣,给予了很好的评价和鼓励。从此,我们成了忘年交,我每次到郑州都要去看他,向他汇报工作,讨论问题,受益颇多。

1998年陕北吴旗封禁恢复植被,治理水土流失取得了成功,我非常欣慰。2002年秋,我率领无定河流域水土流失治理国家验收组考察吴起,写了一首打油诗,抄录如下:

黄土高原50年植被建设反思

费尽移山心力,

换得吴起封禁;

梁峁芒草铺地,

沟坡林灌成荫。

2002年10月23日于陕西吴起

2002 年,我和安芷生院士合写的《黄土高原植被建设的建议》一文(《科学时报》2002.10.8),引起了较大的反响。根据此文编写的专家咨询报告经中国科学院上报中央后,得到了时任总理温家宝的重要批示。之后,我写了《黄土高原植被恢复的检讨和建议》一文,但黄土高原不按科学规律造林的现象依然存在,仍旧在厚层黄土区造林,只能是"年年造林不见林"。

69. 黄土旱坡地的土壤水分平衡

通过对黄土地面蒸发耗水的粗略分析,使我隐约感觉到黄土旱坡地的地面蒸发耗水量可能很大。我查找了大量的文献,没有找到黄土高原地区旱坡地地面蒸发量的论文和资料,看来前人对地面蒸发没有予以足够的重视,重点关注的是引起土壤流失的径流。我们的老前辈朱显谟院士 20 世纪 80 年代提出了"全部降水就地入渗拦蓄,米粮下川上塬、林果下沟上岔、草灌上坡下坬"的黄土高原国土整治的 28 字方略。坡改梯"拦蓄地表径流,防止土壤侵蚀,增加土壤水库水分,提高作物产量",是当时整治坡耕地采取的措施和期望达到的目标。

黄土高原坡改梯增产效益明显是不争的事实,但黄土地面蒸发耗水的粗略分析使我对将增产主要归功于拦蓄径流产生怀疑,感到有可能主要是坡改梯增厚土层减少地面蒸发的缘故。为了论证我的设想,需要地面蒸发耗水量的资料。我查找了大量的文献,绝大部分都是蒸散量的数据,没有把地面蒸发和植物蒸腾分开。有些文章对分析年地面蒸发量还是很有价值的,如李开元、李玉山的《黄土高原农田水量平衡研究》一文指出:"黄土高原旱地农田非生长期的蒸发量,约占降水量的 20%~30%,生长期的地面蒸发和作物蒸腾耗水约占总降水量的 70%~80%",遗憾的是没有给出年地面蒸发量。在陶毓汾等著的《中国北方旱农地区水分生产潜力及开发》一书中,赵聚宝认为:"在半湿润偏旱地区,冬小麦、春玉米、春谷子生长期的土壤蒸发量占总耗水量的44%～48%,在干旱和半干旱偏旱地区,由于作物生长状况较差,地面蒸发所占的比例还要大得多"。由于没有非生长期的地面蒸发量,无法计算年地面蒸发量。但从他们给出的数据中,已经可以看出地面蒸发量不小。

如何求得黄土地面蒸发量?我想起了陕北黄土丘陵区大理河和沙区秃尾河年径流深的差异,前者年降水量高于后者,但年径流深远低于后者,这显然是沙地的地面蒸发量小于黄土地的缘故。通过两条河流的降水量、径流量和流域环境的对比,我尝试求算了大理河流域的地面蒸发量。

流域水分平衡可表达为:

$$P = E_S + E_C + R + D$$

式中:P——降水量;

E_S——地面蒸发量(mm);

E_C——植物蒸腾量(mm);

R——地表径流量(mm);

D——深层渗漏量(mm)。

大理河的年降水量(459.50 mm)高于秃尾河(407.36 mm),但年径流深(39.24 mm)远低于后者(114.74 mm),两河测站均为基岩河床,深层渗漏量(D)可忽略不计。显然,大理河的地面蒸发量和植物蒸腾量之和($E_S + E_C$)大于秃尾河。假定两个流域的植物蒸腾量相等,大理河流域的地面蒸发比秃尾河多127.64 mm,这和黄土地面蒸发较沙土地面蒸发强烈的实际情况相符。秃尾河流域黄土区面积约占流域总面积的1/3,估计秃尾河的地面蒸发量约为大理河的1/2,据此推算,大理河地面蒸发量大约为200 mm。以上的粗略分析表明,以大理河为代表的黄土丘陵区的降水分配大致如下:地表径流量小于10%;地面蒸发量40%～45%;植物蒸腾量45%～50%。地面蒸发量约占降水量的40%～45%和赵聚宝给出的农田地面蒸发量数值基本相符。

我也想通了坡改梯增厚土层、减少地面蒸发、增加可利用水分、作物增产的道理。坡耕地犁耕层深度10～15cm,改造为水平梯田后,耕作条件改善,犁耕层深度增大,20～25 cm。梯田犁耕层深度大,深部土壤水分不宜通过地面蒸发损失,地面蒸发量小于坡耕地,可利用水分增加达到作物增产的目的。当然,梯田拦蓄地表径流也增加了作物可利用的水分。

我草成《减少地面蒸发,充分利用降水资源－黄土高原旱坡地生态农业的思考》一文的初稿后,到郑州请黄委会的龚时旸主任提出修改意见。龚主任完全赞同文章的观点,他说以前没有重视地面蒸发问题。他担心初稿的地面蒸发比例50%～60%太高,不容易为大家接受,建议将比例降到40%～45%,我接受了他的意见。我将修改稿寄给了水利部水保司司长段巧甫同志,她将此文转给了水保所李玉山研究员。李先生约我谈了一次话,告知了对此文的意见,但认为学术争鸣要允许百花齐放,建议在《水土保持通报》上发表,显示了老科学家的人品和学风。

70. 黄土梯坎地下地膜隔水墙的失败

我多次参加黄土高原水土保持项目的国家验收,对水土保持措施的效益和存在问题比较了解。由于梯坎立体蒸发,梯田普遍存在"息边"而影响作物产量的问题。受地膜覆盖减少地面蒸发、作物增产效果明显的启示,我产生了修建黄土梯坎地下地膜隔水墙、减少梯坎立体蒸发,以增加作物产量的想法。

无定河流域水土保持项目验收时,我和陕西省水保局和榆林市水利局无定河流域项目办公室的同志谈了我的想法,他们都感到有道理,商定1998年在米脂县布置试验。试验梯地位于米脂县石沟乡杜家沟村,布设了4个试验小区。1998年5月上旬,在小区的梯地下坎内侧和上坎坎脚,垂直埋设了不同深度的普通农用地膜(表8),其中,对照小区未埋设地膜。作物为"实生"品种马铃薯,4个小区的耕作、种植和管理相同。1998年10月进行了试验田现场实收,结果令人振奋,埋设地膜的小区增产分别比对照小区增产86.1%、88.6%和57.7%(表9)。

表9 不同小区地膜埋设深度和马铃薯单产

小区编号	地膜埋设深度（m）		田面宽度	单产	增产幅度
	（%）	下坎	上坎	（m）	（t/hm²）
Ⅰ	1.5	1	5.4	14.26	86.1
Ⅱ	1	0.75	5.4	14.45	88.6
Ⅲ	0.5	0.5	4.8	12.08	57.7
Ⅳ	0	0	4.7	7.66	——

1999年10月,我们又进行了现场实收,结果令人沮丧,埋设地膜的小区增产不明显,为什么? 现场开挖发现,老鼠打洞和枣树根穿刺将地膜破坏得千疮百孔,失去了阻断土壤水分运移的功能,试验宣告失败。

71. 干热河谷土壤干裂对土壤水分的影响

"九五"科技攻关计划课题"元谋干热河谷生态环境综合整治与试验示范"1996年获批后,课题交由杨忠实际执行。2001年后,元谋"十五"科技攻关课题也由杨忠负责,我逐渐淡出元谋,每年去元谋1~2次,提一些工作建议。我每次去元谋,都要去看看新银合欢灌木林,观测发生的变化,新银合欢已逐渐郁闭成高约2 m的矮灌木林,替代了扭黄茅等草本植被。我2004年4月去元谋,正是元谋最干热的季节,艳阳高照,地面干裂,草木枯黄。但新银合欢灌木林郁郁葱葱,林内不见阳光,凉意爽人,和外面是两个世界。在新银合欢灌木林里闲逛时,我偶然注意到林下地面鲜见干裂现象。元谋组泥岩风化形成的变性土和变性燥红土质地黏重,"天晴一把刀,下雨一包糟",旱季土壤干裂严重,常常将植物根系拉断。最干旱的季节,新银合欢灌木林林下地面鲜见干裂的现象,使我萌生了植被、土壤裂缝和土壤水分三者之间存在着耦合关系的想法:灌木林改变了林下小气候,温度降低,湿度增加,抑制土壤发生干裂,减少土壤水分蒸发,改善土壤水分环境,进而又促进了植物的生长。干热河谷旱季风大,灌木林改善林下小气候的作用好于树高透风的乔木林,这可能是元谋干热河谷泥岩变性上坡地新银合欢灌木生长良好,可以郁闭成林,而高大的桉树难以成林的主要原因。

根据这一思路,我要杨忠开展"土壤裂缝 - 土壤水分 - 植被 - 微气候"的研究,他还申请了"干热河谷退化坡地土壤干裂、地面蒸发与植被生长的耦合作用"的国家自然科学基金(30470297),开展了相关研究。我的博士研究生熊东红主要依托此基金,完成了他的博士论文《元谋干热河谷土壤裂缝形态特征及发育规律研究》。论文证实了"土壤失水引起土壤开裂,土壤开裂又加速土壤水分蒸发散失"恶性循环的现象,验证了我的想法。

72. 华南花岗岩丘陵植被恢复

2002年,我参加了在香港召开的海峡两岸三地环境资源与生态保育学术研讨会,会议期间参观了花岗岩荒山营造的人工林,香港环境保护署的一位女科长向我们介绍了造林的有关情况。第二次世界大战期间,由于薪材的需要,香港郊区丘陵山地的原始常绿阔叶林砍伐殆尽,童山濯濯,水土流失严重,风化花岗岩裸露。二十世纪六七十年代,香港经济好转,开始了荒山造林。我们参观的桉树林营造于 20 世纪 70 年代,已经郁闭,由于土壤贫瘠,长势一般,林下有稀疏小乔灌,地面为枯枝落叶层覆盖。我当时有些困惑,马尾松是华南造林的先锋树种,桉树造林在云南争议很大,香港荒山植被恢复为什么不选择马尾松等乡土树种,而选择外来的桉树? 我于是问了"为什么营造桉树林"的问题。这位女科长作了精辟的解释:风化花岗岩土壤非常贫瘠,乡土树种多不耐贫瘠,桉树非常耐贫瘠,根系可以扎得很深,分解、吸收深部岩层的矿质养分,再通过枯枝落叶返回土壤,土壤肥力逐渐恢复,桉树林郁闭后也为林下植被起到遮阴的作用。一定年限后,乡土植被逐渐自然恢复,替代外来树种植被。你们看到的林下自然恢复的小乔灌就是乡土树种,我们要进行疏林,不让桉树长得太密,以免影响乡土树种植被的自然恢复。

她讲得很有道理。我回来后又看了英国特鲁吉尔的《土壤与植被系统》一书,对华南花岗岩丘陵侵蚀劣地造林困难、营造的马尾松林多为生长缓慢的"小老头"树的原因有了进一步的认识。华南花岗岩风化壳往往厚达十米以上,在数百万年的形成发育过程中,中上部的矿质元素淋溶流失殆尽。植物根系难以从深部弱风化层中摄取矿质元素,植物需要的矿质元素主要在植物－凋落物(或死亡植株)－土壤 A、B 层之间循环。植物的凋落物或死亡残体腐败分解,为土壤 A、B 层提供矿质元素,植物再从土壤 A、B 层中吸收矿质元素。B 层尚存的坡地,土壤中尚存有较多的矿质元素,无论人工造林还是自然修复,植被均能快速恢复。C 层裸露的侵蚀劣地,土壤及上部风化壳中矿质元素含量很低,极为贫瘠,植物难以正常生长,马尾松林多为"小老头"树,"远看绿油油,近看水土流"。桉树等外来树种,根系较乡土树种深,可以从深部弱风化层中摄取较多的矿质元素,因此造林效果往往较马尾松为好,立地条件改善后,乡土树种可以自然恢复。

之后,我撰写了《造林困难地区植被恢复的科学检讨及建议》一文,对西北黄土高原、华南花岗岩丘陵、南方岩溶山地和西南干热河谷等造林困难地区的植被恢复进行了科学检讨,认为土壤水分是西北黄土高原、西南干热河谷和南方岩溶山地植被恢复的限制性因子,土壤养分是华南花岗岩丘陵植被恢复的限制性因子。2004年,我参加了水利部召开的有关生态修复的会议,提交了该文。《人民长江》和《中国水土保持》两个杂志分别选登了该文。会议期间,我和福建省水保办主任讨论了华南花岗岩荒山植被恢复的问题,他完全赞成我的"养分限制"的观点,说:"只要飞机空中施肥,福建的花岗岩裸露荒山马上就可以绿起来"。这里需要指出的是,该文的"土壤水分是南方岩溶山地植被恢复限制性因子的说法"不准确,通过西南喀斯特地区的工作,我后来认识到,矿质养分也是南方岩溶山地植被恢复的重要限制性因子。基于植被与土壤的关系,我给《水土保持通报》创刊20周年的题词是,"黄土、红土、紫色土,土土可持续;南岭、秦岭、兴安岭、岭岭皆秀美。"

73. 山东棕壤型花岗岩风化壳

我是山东临沂大学水土保持研究所学术委员会的几位所外专家之一,2010年6月,参加了该所举办的发展研讨会。我对山东不了解,会前,在该所工作的我的博士毕业生张云奇陪我跑了一下野外。我发现风化花岗岩坡地上,苹果、桃等果园遍布,旱作农田花生等作物长势喜人,看了一下土质,为粗沙质棕壤,土层深厚。我对华南花岗岩红壤风化壳比较了解,红壤酸、黏、瘦,pH值4~5,黏粒含量40%~60%,红壤下伏的风化花岗岩矿质养分淋溶殆尽,是非常贫瘠的土壤。如故事72所云,植被恢复非常困难,马尾松"小老头"树"远看绿油油,近看水土流"。20世纪80年代以来,赣南等地采用挖大坑,换客土,和"猪沼果"模式,彻底改良了土壤,种植柑橘取得成功。

山东花岗岩风化壳与华南的迥然不同,可以用气候差异解释。山东是暖温带气候,地带性土壤是棕壤,华南是中、南亚热带气候,地带性土壤是红壤。山东花岗岩风化壳的淋溶程度低于华南,矿质养分丰富,棕壤 pH 质 6～7,沙质壤土的质地易于水分入渗,风化壳深厚蓄保水能力强,因此特别适合乔本植物生长(照片 17)。会上和野外考察期间,我讲解了棕壤型花岗岩风化壳的特点,建议该所研究人员开展此类风化壳坡地的水土流失研究,得到了大家的认同。根据这一思路,该所申请获批了数个国家基金项目,发表了 10 余篇 SCI 论文,研究水平上了一个台阶。我后来又数次访问该所,对他们取得的进展感到欣慰,2016 年,又建议他们开展棕壤型与红壤型花岗岩风化壳关键带的对比研究。

照片 17　棕壤型花岗岩风化壳

74. 串珠式组合块体柔性护岸技术

三峡水库干流消落带坡地完全重建植被的良好愿望是不可能实现的,但最高蓄水位 175 m 一带的库岸防护林建设是必要的。三峡水库干流航运频繁,波浪侵蚀强烈,单纯依靠植物根系固结土壤是不现实的,库岸防护林建设必须解决波浪侵蚀引起的库岸土壤流失问题。

2013 年 6 月,我赴维也纳参加国际原子能委员会的项目会议。16 日上午抵达预订宾馆,被告知下午 2:00 才能入住。好在宾馆离多瑙河不远,最近报道多瑙河发生大洪水,看看现场正好消磨时间。我乘 2 小时的旅游船游览了多瑙河,当时多瑙河正值高水位,河水已临近库岸防护林,最高水位时库岸防护林肯定淹没在水中。我注意到库岸防护林下部的库岸边坡为干砌石护坡,显然当地用工程措施＋生物措施防止库岸侵蚀而营造库岸防护林。干砌石护坡抵御波浪侵蚀,保护了库岸土壤,利于树木生长,树木根系盘根错节,又起到网固干砌石护坡的作用。何不将此技术应用到三峡水库干流 175 m 一带的库岸防护林建设中? 7 月 1 日,我向贺秀斌及鲍玉海等年轻同志谈了我的想法,他们都认为有道理,商定借鉴多瑙河的经验,在中国科学院水利部成都山地灾害与环境研究所三峡库区水土保持与环境研究站开展工程措施＋生物措施的高程 173～175 m 库岸防护林建设的试验。

干砌石护坡能不能抵御三峡水库干流的波浪侵蚀? 三峡水库运行十余年来,消落带坡地原有的一些干砌石梯田梯坎已被波浪侵蚀掏空毁坏。干砌石护坡必须有坚实的基础,浆砌块石等刚性基础造价高,有没有不用刚性基础,又能解决干砌石护坡安全的办法? 这时,我想起了云南德宏傣族景颇族自治州梁河县防止大盈江河堤基础掏蚀的土办法。20 世纪 70 年代,我在大盈江搞泥石流,考察过当地的一些河堤工程,梁河县用钢筋串玄武岩块石的办法有效地解决了大盈江河堤基础掏蚀的难题。当地将玄武岩块石打孔用钢筋串联,像糖葫芦一样将串联块石沿河堤顺坡布设直至河床,一旦水下基础掏空,块石自然下滑充填掏空的基础,再将"糖葫芦"串上新的块石。受维也纳多瑙河和梁河大盈江经验的启发,我构思出"串珠式组合块体柔性护岸技术",用以解决三峡水库消落带库岸侵蚀的难题。首先浇注 40 cm × 30 cm × 20 cm 左右有孔的混凝土块,现场用钢筋串联布设在 173 ~ 175 m 的消落带坡地上,钢筋串联的混凝土块"糖葫芦"系在略高于 175 m 的锚固桩上

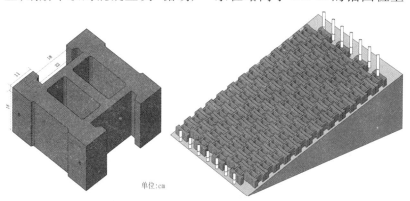

单位:cm

图 38　串珠式组合块体柔性护岸工程结构示意图

照片 18　串珠式组合块体柔性护岸工程效果

a,2014.2.28;b,2014.6.18

(图38)。钢筋串联的混凝土块护坡保护坡地土壤免遭波浪侵蚀，混凝土块护坡留出的孔中种植乔灌木，营造库岸防护林。2013年10月前，已完成长10 m的护坡试验工程。试验工程的效果见照片18。

75. 云南元阳哈尼梯田

2001年考察云南湖泊污染时，我特地路过元阳哈尼梯田。大小不一的梯田，如鬼斧神工般的嵌满山坡，错落有致，大者数亩，小者不足一分，满山满谷，坡坡相连，总面积17万亩（照片19）。梯田高的接近海拔2 000 m左右的山顶，低的紧邻海拔200 m左右的红河河谷。美丽的梯田景观令游人陶醉，但我更关注的是梯田一年四季永不干涸，旱季水从何处而来？云南是干湿季交替的西南季风气候，10~5月是旱季，降水量不到全年的70%。元阳年降水量1 400 mm左右，旱季的降水不足以维持梯田的需水。

照片19　云南元阳哈尼梯田

我仔细观察了周围的自然环境，想通了元阳梯田可持续的旱季供水机制。元阳地处哀牢山脉，组成岩层为古老的前寒武系变质岩系，风化壳破碎岩层深厚，达10余米，利于含蓄水分，是储水丰富的天然地下水库。哀牢山多雾，旱季山顶也是云雾缭绕，梯田上方的森林茂密,不但枯枝落叶层厚,而且雾滴被树木枝叶截留,形成水平降水,亦称雾露水(fog drip),增加旱季降水。深厚的风化壳破碎岩层和地表的枯枝落叶层储蓄的水分与雾露水保障了梯田的旱季供水。

著名广西桂林龙脊梯田、贵州从江加榜梯田和湖南新化紫鹊界梯田均分布于风化壳破碎岩层深厚的变质岩或岩浆岩山地,龙脊和加榜梯田为变质岩,紫鹊界梯田为花岗岩。

(二)坡耕地治理

76. 以坡耕地为突破口,治理长江上游水土流失

我长期从事西南地区山地灾害和水土流失的研究,对长江上游山区的自然、社会、经济基本情况比较了解,该区坡耕地量大面广,群众生活贫困,给我留下了深刻的印象。长江上游土壤以母质土为主,土层浅薄,作物产量低;严重的水土流失,导致土地质量下降,作物产量越来越低;群众为了维持生存,不得不毁林开荒,扩大耕地面积,形成"越垦越穷,越穷越垦"导致水土流失日趋严重的恶性循环。长江上游沟谷深切、冲沟侵蚀和重力侵蚀强烈,滑坡、泥石流活动频繁。[137]Cs示踪法研究表明,冲沟侵蚀和重力侵蚀是长江上游河流泥沙的主要来源,坡耕地产沙的贡献有限。金沙江流域占三峡入库泥沙的一半左右,坡耕地产沙对河流泥沙贡献率不到20%;坡耕地多、土地垦殖率高的川中丘陵区,对河流泥沙的贡献率接近50%。

"在其位,谋其政",我是水保室主任,当然要思考长江上游水土流失治理的一些战略性、方向性问题。我对黄河泥沙和黄土高原的水土保持工作比较了解,黄土高原治理水土流失的主要目的

是减少入黄泥沙,坡改梯、淤地坝和植树造林是黄土高原小流域综合治理的三种主要措施,虽然存在一些争论,但淤地坝的减沙效益是毋庸置疑的。"长治"工程的主要目的是减少三峡入库泥沙,从治理冲沟侵蚀和重力侵蚀的角度,也应该修建拦沙坝等沟谷拦挡工程。但长江上游支沟沟谷河床纵坡陡,洪水大,不适宜修建黄河中游地区的土质淤地坝,只能修建造价昂贵的刚性沟谷拦蓄工程,经济上行不通。我经常参加"长治"工程的一些会议和水土保持项目的验收,对"长治"工程的来龙去脉、治理方略和措施有所了解。和黄河中游一样,"长治"工程也实行以小流域为单元的综合治理,但在水保措施的配置上有明显差别。这种差异主要表现在:①特别重视坡改梯工程,提出了"以坡改梯为突破口"的口号;②小型水利水保工程多为塘库、水窖、坡面水系,拦沙坝等沟谷拦挡工程不多;③林草措施中,经济林草比例较高。长江水利委员会强调坡改梯工程的主要理由有二:①坡耕地水土流失严重,是河流泥沙的主要策源地;②坡耕地是贫困山区群众赖以生存的基础,长江上游重点治理区人均耕地少,陡坡耕地多,群众生活贫困,只有治理坡耕地,建设基本农田,解决群众温饱问题,"以防为主"的方针才能得以实行,促进大面积荒山植被的自然修复,遏制沟谷的冲沟侵蚀和重力侵蚀。

为了呼应"以坡改梯为突破口"决策的正确,"坡耕地是长江上游河流泥沙的主要策源地"的观点不但见之于水利水保部门的文件报告、媒体宣传和领导讲话,也见之于一些科学论文。我认识到从社会科学的角度出发,扭转长江上游"越垦越穷,越穷越垦"水土流失日趋严重的恶性循环,"长治"工程以"以坡改梯为突破口"的决策是正确的。经过一段时间的思考,我决定撰文支持"长治"工程的治理方略和小流域治理措施安排。1998年长江水利委员会在安徽黄山召开"长江上游水土流失治理研讨会",我提交了《长江上游水土流失治理的思考——与黄河中游的对比》一文。该文的"坡耕地是河流悬移质泥沙的重要来源"的模糊表述,暗含了对"坡耕地是长江上游河流泥沙的主要策源地"的不同看法,但也不易发觉。此文受到了长江委领导的重视,《水土保持科技情报》分两期刊出,对推动"长治"工程起到了一定的作用。有一次,长江委的熊铁副主任问我对"长治"工程的看法,我说:"一些自然科学的问题要通过社会科学来解决",他非常欣赏我的观点,不止一次在会议说:"我赞成张教授的这个观点"。我后来还撰写了《长江上游重点水土流失区陡坡耕地的出路》和《长江上游坡耕地治理利在当代,功在千秋》等文章,支持长江上游坡耕地的治理。

2007年的一天中午,我接到贺秀斌从北京打来的电话。他说:"张老师,我们想申请'十一五'国家科技支撑计划的项目,你看报一个什么项目?"我当即回答:"报长江上游坡耕地治理的项目"。申请项目的名称是"长江上游坡耕地整治与高效生态农业关键技术试验示范",项目主持人是文安邦。我协助他们编写申请书,准备答辩。项目申请书得到科技部农村司和中国科学院资环局领导和评审专家的好评,项目顺利获批,项目总经费7 591万元。其中,科技部拨款3 621万元。项目于2011年春顺利通过验收。北京林业大学张洪江教授对我说:"张老师,这个项目是你一生的心血"。的确,这个项目体现了我对长江上游水土流失治理的认识。

77. 香根草植物篱的淡出

1988年10月,我又赴新西兰作半年的访问,继续做土流研究,撰写文章。临近回国的1989年4月,我在野外见到了赴新西兰考察的世界银行官员格林姆肖,此人是香根草迷(vetiver grass fan),在世界各地极力推广香根草植物篱防治水土流失。我们见面后,他就向我介绍香根草植物篱。香根草是一种热带草本植物,耐旱,

153

耐涝,无性繁殖,根系垂直生长,老叶牲畜不吃,草根鼠类不啃(根含香精油)。香根草植物篱是印度的一种传统水土保持技术,用于防止半干旱区坡地水土流失已有 200 余年的历史。20 世纪 80 年代以来,世界银行在发展中国家的农业贷款项目中大力推广这一技术。他还说,他正在中国推广这一技术,江西的红壤项目已经采用,也准备在长江上游推广,他 7 月份要到成都。我被他的宣传也说得心动了,相约在成都见面,还要他带一些香根草种苗到成都。

当时,在水利部官员项玉章的陪同下,格林姆肖 7 月份还是如期访问了成都,给我带来了香根草种苗,我将种苗种植在我所的花园里。当年 10 月,水利部和农业部在福建邵武,共同组织召开了"香根草防治水土流失研讨会",水利部点名要我参加,格林姆肖在会上做了报告,鼓动效果很好。水利部水保司决定在南方开展香根草植物篱防治水土流失的试验,并成立香根草情报网,水保司司长郭廷辅任命我当了情报网的"主任"。20 世纪 50 年代,我国已将香根草作为香料植物引进到福建、广东和海南等地,1986 年格林姆肖到福建宣传香根草时,当地告知他有这种植物,后应他的要求繁殖了种苗,开展了香根草植物篱防治水土流失的试验。我们参观了试验地,的确防治水土流失的效果不错。四川省水土保持办公室订购了 1 t 香根草种苗,安排在川中丘陵区的 10 个县开展试点研究,每个县3.3 hm²,列入治理面积。我要了 100 kg 种苗,在云南元谋和四川宜宾试种。

1989 年冬,北京地理所黄秉维院士考察三峡地区的水土流失,路过成都时找到我,征求我对三峡地区坡耕地治理的意见。他不赞成坡改梯,建议借鉴国外经验,采用植物篱措施防治坡耕地的水土流失,还送给我一篇他的文章《华南坡地利用与改良:重要性与可行性》,建议我也开展这方面的研究。我向他汇报了香根草的引种试验工作,他非常支持。受黄先生鼓励,我也写了一篇文章《植物篱生物工程措施——川中丘陵区坡耕地水土保持新措施》,宣传介绍了国外的香根草和新银合欢等植物篱措施。

在四川一年的试种结果表明,香根草长势良好,完全适合在四川盆地栽种。但群众不欢迎,第二年就将香根草苗拔掉了。农民说:"人都不够吃,种这种牲口都不吃的草干什么?"我受到了教育,中国和国外不同,耕地资源有限,香根草植物篱不可能用于治理坡耕地的水土流失。1991 年,世界银行在马来西亚吉隆坡召开一个香根草防治水土流失的会议,我受邀参加了这次会议,还得了香根草推广三等奖,奖金 500 美元。会上,代表们介绍了各自国家的香根草试验和推广情况。除了我,所有的代表都说香根草好,推广很有成效。只有我说,香根草水土保持效果很好,但中国耕地紧张,不适合用于坡耕地水土流失的防治,可用于南方池塘和公路边坡的防护。格林姆肖对我的发言很不高兴,他本希望我能够给他捧捧场。会下,巴基斯坦、缅甸、泰国、马来西亚等国家的代表对我说,你说了我们不敢说的话,我们需要世界银行的 money,只能说香根草好。

回国后,我向水利部水保司郭廷辅司长汇报了会议情况和我的发言,他完全赞同我的观点,说"我们有我们的国情,不能被世界银行牵着鼻子走"。之后,香根草情报网也就停了,我也淡出了香根草植物篱的圈子。

78. 退耕还林不是长江上游陡坡耕地的唯一出路

1998 年长江发生洪灾之后,天然林保护和退耕还林等生态修复工程相继实施,坡度大于 25°的坡耕地理应退耕还林,但一些山区人多地少,耕地资源紧张,陡坡耕地面积大,若全部退耕还林,会因影响群众的生活而很难实现。1999 年,我赴四川宁南验收"长治"三期工程。实地验收考察过程中我发现一期(1989—1993 年)

和二期(1990—1994年)治理小流域,实施成片坡改梯的25°~30°陡坡地,冲沟均已死亡,沟底蔗田、沟坡经济林(桑园)和水保林(新银合欢)郁郁葱葱。冲沟的死亡表明,水土流失已得到基本控制。由此,我产生了"坡地25°~30°的陡坡地未必一定要退耕还林,部分陡坡地也可以采用宁南模式进行整治"的想法,草成《长江上游重点水土流失区陡坡耕地的出路》一文。该文介绍了宁南陡坡的整治措施,分析了冲沟死亡的原因,提出了退耕还林不一定是>25°陡坡耕地唯一出路的观点,发表于《中国水土保持》。

　　宁南陡坡地整治的具体做法是:将坡耕地和稀疏草灌荒坡相嵌分布的中下部谷坡,全坡改造为梯田,并配套有较完善的坡面水系和道路。坡面水系包括拦洪沿山沟、排洪灌溉沟和蓄水池、水窖、消力池、沉沙凼等工程(图39)。梯坎种植桑树,固埂保坎。陡坡地整治后,冲淘衰亡的主要原因是:①梯田上沿的拦洪沿山沟拦截了上部谷坡来水,蓄积于蓄水池、窖内,多余洪水由排洪灌溉沟排出,上部谷坡来水不再进入冲沟;②中、下部陡坡耕地和荒坡改造为梯田后,土层增厚,土壤的入渗速率和土壤水库容量增大,降水基本全部就地入渗,<30 mm的降水一般不产流,大暴雨产生的少量径流由排洪灌溉沟进入蓄水池、窖或排出坡地。文章的主要结论是:长江上游重点水土流失区>25°陡坡耕地的退耕还林工作不能一刀切,退耕还林不一定是>25°陡坡耕地的唯一出路。光热条件较好、人多地少的地区,可以学习四川宁南的经验,将25°~30°的陡坡地集中连片改造为梯田,配套完善的坡面水系,不但可以有效地防治水土流失,而且可以取得良好的社会效益和经济效益。

　　1994年验收宁南"长治"三期工程时,还有个小插曲。三期工程的补助标准是每平方公里2.5万元,当时的治理措施参照黄土高原,没有沟渠池窖等坡面水系措施,项目当然也没有相关措施的经费预算。宁南没有按措施执行项目预算,将大部分经费用于坡

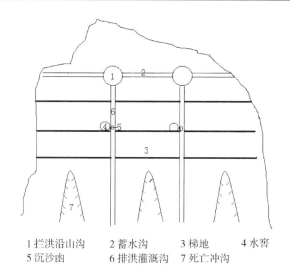

1 拦洪沿山沟　　2 蓄水沟　　　3 梯地　　　4 水窖
5 沉沙函　　　　6 排洪灌溉沟　7 死亡冲沟

图39　四川宁南坡改梯工程坡面水系布置示意图

面水系工程,分户修建梯田也没有给补助,这些都是违反项目经费使用规定的。长江委水土保持局隐隐约约听到一些传闻,想弄清楚,四川省又不想说。在验收组和四川省水利厅交换意见的会上,我将事情挑明了,双方都很紧张。但我又谈了对此事的看法:黄土高原"降水全部就地入渗"的"保水"思路不适用于长江上游,长江上游应该将"保水"改为"调水",坡耕地整治应该修建坡面水系工程,坡面水系工程没有安排经费规定是不合理的,宁南的经费调整是合理的。群众没有拿到补助是实情,但坡面水系工程投入大,当地是实在没有办法才没有发梯田补助。我私下问过群众,"不给你们补助,再叫你们修梯田干不干"。他们说,"只要把水解决了,我们还是愿意干的"。宁南的做法情有可原,希望以后修改"长治"工程的措施配置,工程补助经费可用于坡面水系工程。听了我的发言后,紧张的气氛立马缓解,验收组组长水保司副司长段巧甫、副组长长江委水土保持局副局长熊铁和四川省水利厅范副厅长都赞同我的观点。问题烟消云散,"长治"四期工程增加了沟渠(池窖)措施,补助经费用于坡面水系工程,不但合理,也合法了。

79."大横坡 + 小顺坡"的传统耕作方式

顺坡耕作促进水土流失,等高耕作减少水土流失是一般常识。但川中丘陵区和三峡库区的坡耕地,顺坡垄沟耕作非常普遍。多年的实践使我认识到,中国的农民是非常聪明的,几百年形成的耕作方式往往有一定的道理,不要轻易否定。通过仔细地观察,与老农的交谈和几年的思考,我终于弄懂了顺坡垄沟耕作的道理。

川中丘陵区和三峡库区的坡耕地土壤多为土层浅薄的紫色土,垄作增加局部耕土层厚度,利于根系发育,作物增产。四川和重庆气候湿润,夏季降水多,横坡垄沟耕作,沟内积水,不但作物易烂根,而且容易诱发浅层滑塌;顺坡垄沟耕作利于排水,避免作物烂根和浅层滑塌的发生。顺坡垄作的坡地内,按一定距离布设有等高水平沟,水平沟和顺坡纵向排洪沟相连(照片 20),我将其称之为"大横坡 + 小顺坡"。水平沟拦截上方坡面径流,引入纵向排洪沟,防止了上方坡面来水侵蚀下方地块。相邻水平沟之间的地块长度几米至二十几米不等,一般随坡度而定,陡坡地短,缓坡地长。坡耕地的土壤侵蚀方式有面蚀和细沟侵蚀两种,后者产沙量大,但大于一定坡长后才发生。陡坡地发生细沟侵蚀的临界坡长较短,缓坡地较长。"大横坡"可以有效控制细沟侵蚀。顺坡垄作还有减少犁耕侵蚀的功能,横坡方向移动土壤才能构建顺坡垄沟,犁耕侵蚀量远低于顺坡方向移动土壤。

"十一五"国家科技支撑项目"长江上游坡耕地整治与高效生态农业关键技术试验示范"研究团队对"大横坡 + 小顺坡"技术进行了深入的研究,成为项目的一大亮点,受到了验收专家的好评。2009 年春,我到重庆师范学院讲学,该院的卫杰副教授(贺秀斌的

照片20 "大横坡＋小顺坡"的传统耕作方式

博士研究生）和我谈了他申请国家自然科学青年基金项目的事，我建议他申请"大横坡＋小顺坡"的项目，获得了批准。

80. 坡耕地整治未必一定要修水平梯田

"长治"工程要求，坡改梯必须修建水平梯田，而且要有一定规模。水平梯田的优点众人皆知：可有效控制水土流失，作物增产，且便于耕作，但存在建设成本高和梯坎占地多的问题。如"香根草植物篱淡出"的故事所云，植物篱占地多，单纯植物篱技术用于坡耕地土壤流失不适合我国耕地资源有限的国情。长江上游坡耕地面积约860万hm^2，占全国坡耕地总面积的41%，占区内耕地面积的72%。"长治"工程平均每年坡改梯仅3.3万hm^2，要完成860万hm^2的坡改梯需要260年。长江上游的大部分坡耕地不可能退耕还林，如何"多、快、好、省"地整治坡耕地？径流小区实测资料表明，陡坡耕地水土流失严重，坡度大于15°的紫色土坡耕地，其侵蚀模数多大于3 000 t/km^2·a，相当于每年土壤流失2 mm的厚度。长江上游坡地土层薄，坡耕地多有数百年甚至上千年的耕作历史。但除喀斯特山区外，坡耕地石质化的现象并不普遍，绝大部分耕种数百年甚至上千年的坡耕地依然完好，显然，坡耕地土壤的实际流失量远低于径流小区实测值,土壤流失并不严重,这是为什么?

通过对比分析,认识、解决问题是我的习惯。我去过五大洲,参观过欧美和澳大利亚、新西兰的农场,自然也就将中国的坡耕地和国外的坡耕地进行了对比。国外发达国家坡耕地地块大,顺坡长度大,可机械化耕作;除东北地区外,我国坡耕地地块多数较小,一个山坡往往被地埂分割成几个甚至几十个地块。由于地埂拦截,流水侵蚀和犁耕运移的土壤堆积在地块下方,地块田面坡度逐渐减小,形成坡式梯田。川中丘陵区和三峡库区大于 10° 的坡耕地,地块坡长多不足 20 m,陡坡地一般仅数米,每个地块往往有边沟和背沟,梯田坡顶的背沟拦截上方径流,坡脚的边沟拦截梯田产出的径流泥沙,每年的"挑沙面土",将边沟内沉的泥沙回返到梯田。长江上游的大部分坡耕地往往不是纯粹的坡耕地,而是有多块坡式梯田组合而成的坡式梯田群(照片 21),因此,坡耕地的实

照片 21　四川宁南梯化坡地

际土壤流失量远低于径流小区实测值。^{137}Cs 示踪测定坡耕地土壤运移的研究结果,也完全证实了以上的分析。在长期的耕作过程中,坡式梯田坡地逐渐变缓,土层逐渐增厚,有的还演变成土层深

厚的水平梯田。

通过坡式梯田认识的深化,我提出了长江上游坡耕地整治未必一定要修建水平梯田的观点。坡式梯田也是"十一五"国家科技支撑项目"长江上游坡耕地整治与高效生态农业关键技术试验示范"的主要研究内容之一。

81. 植物篱地埂

地埂是梯田的重要组成部分,也是坡改梯工程的关键。我关注传统梯田,当然也关注传统梯田的地埂。除石料丰富的地区,长江上游大部分梯田均为土埂,埂面上多生长有植物,有的是自然生长的野草,有的是人工种植的多年生或一年生植物。引进的国外植物篱技术,是利用植物形成的篱笆滞缓径流、拦截泥沙,达到防治水土流失的目的。地埂漫水后,地埂上的植物也有同样的功能,我们也将其称为植物篱,有植物的地埂称为植物篱地埂。地埂的功能主要是拦截径流泥沙;植物篱的主要功能是根系固结土体,提高地埂的稳定性和地埂漫水后滞缓径流。植物篱地埂是生物措施和工程措施的有机结合,不但防治水土流失的功能远好于单纯的植物篱措施,而且还不存在单纯植物篱与田间作物争水争肥,以及影响田间行走和运输等问题。

地埂由梯坎、梯埂组成(图40)。梯坎的主要功能是防止梯田边坡因重力失稳发生坍塌或滑坡;梯埂的主要功能是拦截田面降水产生的径流和径流携带的泥沙,保水保土。梯埂抗剪强度的高低对于提高梯田边坡稳定性的作用不大,因此可以在土埂上种植豆类等一年生经济作物。春季种植的植物或作物,在夏季暴雨来临前已经生长得很茂盛,可以保护土埂免遭侵蚀。但是,在梯埂上只能点播作物,以免破坏梯埂的整体性,进而降低其抗冲强度。梯埂要有一定的高度,尽量防止径流漫埂冲刷破坏梯田。梯坎中下部的土压力大,梯坎强度不够,易于导致梯田地埂失稳;梯坎的上部,特别是梯埂,土压力小,一般不会发生重力失稳。在稳定性有保证的前提下,可用土石混合坎替代石坎。石坎的顶部也可修建土埂,以种植经济作物增加产出。

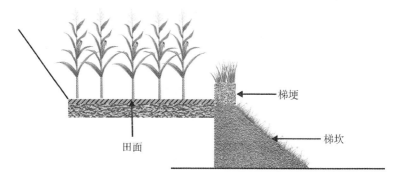

图40　梯田结构示意图

(三)综合性问题

82.《中国的农业产业化与水土保持产业化》一文背后的故事

1996年9月,我接到水利部水保司段巧甫司长的电话,水保学会小流域治理专业委员会11月份在江西信丰召开"水土保持产业化研讨会",要我写一篇文章参会。我说,我是搞自然科学的,不懂产业化,写不出有关水土保持产业化的文章。段司长说,你必须写。我不得不勉为其难,写文章。

不懂产业化,如何写水土保持产业化的文章? 二十世纪八九十年代,电视和报刊将农业产业化作为新生事物,进行了大力报道。水土保持和农业密切相关，先把农业产业化弄懂再说。我到图书馆查文献，看了《农业经济》上的10余篇有关农业产业化的文章后，对农业产业化有了基本的了解。不同学者对农业产业化的内涵界定不一，定义不尽相同。有人认为，农业是第一产业，从概念上看，农业产业化的叫法并不科学，但对农业产业化内容的看法基本一致，即农业产业化是指以农副产品为主导产品，使生产、加工、运输、销售等环节衔接起来，通过多种形式和紧密的利益分配关系，在产前、产后形成一个较完整的产业规模，由此形成一种新的符合产业化经营要求的经营方式。

产业化的内涵和定义不明晰，文章不好写。我查了《现代汉语词典》，产业和产业化是外来名词，产业是多义词（estate, property, industry），产业化不是多义词（industrialization）。产业旧指私有的土地、房屋和工厂等财产，近代将生产行业也称为产业。产业作为定语使用，是"关于工业生产的"。产业革命是从手工生产过渡到机器生产，从资本主义手工业工场过渡到资本主义工厂的生产技术革命，也就是资本主义的工业化。我终于弄明白了，产业化是指生产行业的工业化、现代化，农业产业化也就是农业的现代化。

弄懂了农业产业化，水土保持产业化的文章怎么写？我也在揣摩段司长为什么要开水土保持产业化的研讨会，当时水土保持的指导思想是"以小流域为单元，以经济效益为中心"。农业产业化得到了中央的肯定，被认为是"中国农业发展的基本方向"。段司长一直强调小流域经济，她可能想通过产业化将水土保持事业推上一个新台阶，基层水保部门通过水土保持产业化发展一些产业，增加收入，改善生产生活条件。既要追求科学的真谛，又要考虑段司长的情绪，这篇文章实在不好写，我在家写了半个月，边写边抱怨。我爱人说，你写文章从来没有这么难。我终于草成了《中国的农业产业化与水土保持产业化》一文，文章的基本观点是，水土保持是农业的基础,水土保持产业化是指水土流失治理工程的建设和产品生产、加工、销售的一体化经营方式。我国各地已自发出现了多种形式的水土保持专业化的苗头,要积极开展水土保持产业化理论的研究,把水土保持产业化融入农业产业化的洪流中。此文发表在《中国水土保持》1997年第四期。

信丰会议上,段司长对我的论文既满意,又不满意。不满意的是,论文认为水土保持产业化是农业产业化的一部分,发展水保部门的产业不是"产业化"。满意的是论文指出了水土保持产业化和农业产业化的区别,后者不含水土流失土地治理的内容。会后的文件提及,"有的专家指出了水土保持产业化和农业产业化的区别"。水土保持产业化后来并没有形成气候,逐渐销声匿迹。

水保司的官员对我比较了解,知道我是一个不随波逐流的科学家。他们对我说,我们也需要一些你这样的科学家。2008年重庆石漠化会议上,水保司鲁胜力处长和我聊起水土保持产业化的事,他开玩笑说,"你是打着水土保持产业化的旗号,反对水土保持产业化"。在当代的中国国情下,即使是错误的路线,还是可以坚持科学真谛的,但要有受到冷遇和被打入"冷宫"的思想准备。

83."水土保持产业化"引出了"土地增值"

坡改梯是小流域治理的重要组成部分。通过治理,水土流失严重的劣等坡耕地改造为稳产高产基本农田,作物产量增加,耕作方便,土地等级提高。我写《中国的农业产业化与水土保持产业化》一文时,将坡改梯工程提高土地等级和大学一年级学的政治经济学中的级差地租理论联系起来。马克思的级差地租理论认为,地租是超额利润,土地等级越高,地租越贵,土地价值越高。这意味着,坡改梯工程提高了土地的价值。现行的水土保持经济效益计算,仅仅考虑了作物产量增加或更换作物品种带来的经济效益,并没有考虑土地等级提高、土地增值的经济效益。20世纪90年代，城镇土地已经可以买卖，但农村土地不能买卖。农业用地当时不能买卖，没有价格，坡改梯工程的土地增值效益难以用货币价格来体现。我在信丰会议上提出了这一观点，水保司老司长郭廷辅等许多与会代表认为我的观点很有道理，希望我能开展水土保持土地增值的相关研究。

水土保持土地增值和农业用地价值密切相关。农业用地价值的研究难以回避货币化，也就是土地的价格，我隐约感到这涉及敏感的农村土地不能买卖的政策问题，还是想探探路。原北京地理所所长刘燕华教授当时调到科技部社会发展司任司长，我和他比较熟悉，找他谈了我的想法，希望社会发展司能立项支持农业用地价值的研究。他认为此项研究很有意义，表示可考虑由21世纪议程办公室安排一个项目（25万元）。我后来又找他时，他感到这项研究政治上太敏感，劝我打消研究农业用地价值的念头。我1999年访问台湾，见到台湾土地价值研究方面的专家廖先生，探讨了农业用地的价值和价格等问题。他说，大陆城市土地价格评估的方案是他起草的，台湾实行的是孙中山先生的"耕者有其田"政策，台湾农业用地是不准买卖的，我们还没有开展农业用地价值的研究，大陆就要搞起来，比我们的思想还要解放。20世纪90年代末，我参加"长治"工程调研和验收时，经常询问当地征用农业用地的土地价格，各地都不愿意提供，勉强提供的一些土地价格，低得令人难以置信。我后来了解到，边远山区为了招商引资，不得不压低土地价格。

我本来就不是搞社会科学的，又有那么多艰难险阻，也就知难而退了。不过水保司并没有忘记水土保持工程土地增值的事，2004年，水土保持监测中心要我主持"水土保持综合治理效益计算方法"（GB/T 15774—1995）国标的修改，我补充了土地增值和水资源增值的内容。2009年定稿时,部分专家考虑到问题的敏感和计算理论、方法尚须完善,精简了土地增值的内容。我在编写《长江水土保持》第八篇"成就与效益"时,用马克思级差地租的超额利润原理,尝试计算"长治"工程的水土保持措施的土地资源增值。水土保持措施土地增加值的计算公式如下:

$$A = L/R$$

式中:A ——土地资源增值单价(元/hm^2);

L ——土地产出率提高的"理论值"(元/hm^2);

R ——银行储蓄利率(3%);

我们粗略计算了"长治"工程的土地增值,坡改梯为712.08亿元;水保林为697.52亿元;经果林为762.63亿元;封禁治理为510.82亿元;总计2 683.05亿元,相当于项目总投入146.0亿元的18.4倍。

84. 水土保持规划与社会进步

1988年后,我经常参加"国家水土流失重点治理区"(简称八大片)和"长治"工程等水土保持项目的检查、验收和调研工作,野外考察、采样时也常和农民聊天,"微服私访"了解农村民情。20世纪90年代,中国的经济体制由计划经济向市场经济转型,经济高速发展,农村实施家庭联产承包责任制,调动了广大农民的生产积极性,贫困山区农村群众的温饱问题逐渐解决,部分群众向小康迈进。我对农村社会经济发生巨大变化深有所感,也逐渐认识到小流域治理计划经济色彩太浓厚,不能适应社会经济发展而存在诸多问题。如,小流域治理的坡改梯、用材林、薪炭林和草地面积的确定主要依据是满足流域内人口对口粮、建房用材、燃料和牲畜饲料的需求、营造经济林增加群众收入等。我认识到,要解决小流域治理存在的问题,必须先解决治理规划问题,2001年6月草成

《水土保持规划与社会进步》一文,文章指出了现行"国标"在土地利用规划和治理措施规划存在的问题,并提出了相关修改建议:

(1)关于土地利用规划。小流域治理土地利用规划的指导思想是,在保证基本农田面积和粮食自给的前提下,利用低质土地,发展林牧业,解决"三料",增加群众收入,保持水土。土地规划将流域内土地分为农业、林业、牧业用地(除村镇、交通用地外),流域内的每一寸土地都有其特定的生产性用处。在国家粮食供需矛盾较大、水土流失严重的贫困山区、群众温饱问题尚未解决的20世纪80年代,这一指导思想无疑是正确的。当时,全社会的生态环境意识尚比较薄弱,治理规划依据传统的农业区划土地分类方法,规划农、林、牧用地也是无可非议的。但随着国家粮食供需基本平衡,大部分贫困山区群众温饱问题基本解决,土地利用规划的指导思想已不适应社会经济发展对环境的要求。因此,建议冲破自给自足小农经济和计划经济的束缚,按照自然规律、经济规律、因地制宜合理规划利用土地,以利社会、经济、环境的协调发展。摒弃农、林、牧用地的思路,流域土地可划为生态环境保护用地和农业用地(大农业概念,含经果林、人工草地)。两者的比例,根据生态环境修复目标、流域内不同类型土地的水土流失状况、社会经济发展对土地的需求综合确定。

(2)关于治理措施规划。小流域治理措施规划存在的主要问题是,小农经济、计划经济色彩浓厚,"综合治理深入人心",因地制宜不够,重点不突出,治理措施中列有坡改梯、经果林、水保林等各项措施。基层水保部门规划时必须逐项安排,否则就不是综合治理,调整余地有限。建议按照不同类型土地的功能和水土流失特点,因地制宜,有针对性地科学规划治理措施。规划中治理措施的种类和数量的确定,不应以粮食自给和解决群众"三料"为依据确定,而是应根据自然条件和水土流失状况,以环境修复目标为主,结合农业生产和群众生活需要而确定。

此外,文章还指出了水土保持工程和公路、铁路、水利水电等基础设施建设工程的属性差异,意在反对水土保持项目按基本建设项目管理。

文章完成投稿后,江泽民总书记在建党80周年讲话中强调"与时俱进",黄河中上游管理局的王答相同志希望我能将文章题目改为《水土保持规划要与时俱进》。我没有同意,我说,我不想被认为是一个跟风的人。《水土保持规划与社会进步》发表于《水土保持通报》2001年5期后反响比较大,不少同行专家包括一些领导同志都认同文章的观点。水保所的山仑院士问我,文章中的"生态环境保护用地"是哪儿来的?我说,是我自己提出来的。

85.为民请命,上书"毁竹种果计划"万不可行

1998年长江流域发生特大洪水。8月份,我受邀加入四川省水保办组织的专家组,调研水土保持工程减轻洪涝灾害的作用。专家组实地考察了川中丘陵区遂宁和阆中两地的水土保持工程,听取了当地水保部门的汇报。在遂宁,我听说当地正在推广川北苍溪县经验,实施"竹篷换果树计划",规定每个农户只能留1～2篷竹子,供编筐席自用,其余的竹子砍掉,换种柑橘等果树,增加群众收入。川中丘陵区的竹子多种于沟道两侧,房前屋后和坡麓地带。竹子盘根错节,对防止沟蚀、固岸护坡、水土保持起到了很好的作用。房前屋后的竹篷,更如同挡土墙,护卫着丘坡农居的安全。我实在弄不明白为什么要毁竹种果。到阆中,通过座谈和"微服私访",我终于弄明白毁竹种果的缘由。当时有一个税种,叫农林特产税。农民种植柑橘等果树要交农林特产税,种竹子不交。川中丘陵区人口稠密,土地紧张,没有地方种果树,于是想出了砍竹子种果树的主意。在实际操作过程中,只要交了农林特产税,不

砍竹子也可过关。

听了群众的反映后，我非常气愤，激情之下，给时任四川省委书记谢世杰同志写了"毁竹种果计划，万不可行"的信。信中没有谈及农林特产税的问题，只从水土保持和保护丘坡农居的安全的角度，阐明了"毁竹种果计划"反科学的荒唐，希望吸取1958年"大跃进"的教训，立即停止"毁竹种果计划"。我贴了8分钱的邮票，平信寄出。想不到第三天的《四川日报》头版，登出了时任四川省委书记谢世杰对"毁竹种果计划，万不可行"作出重要批示的新闻。此后，我接到一些群众来信，有的以为我是竹子专家，问一些竹子方面的专业问题；有的以为我有特殊通道，要求我代为转达向省委反映的问题。我都如实回答，我既不是竹子专家，也无特殊通道。谢世杰书记批示见报后，毁竹种果计划自然也就停止执行了。我听说，遂宁和阆中对我意见很大。四川省水保办可能为了不找麻烦，此后再也不邀请我参加调研和评审工作。在中国，一些部门为了维护部门利益，喜欢找一些帮腔的"论证"科学家，决不找可能引起麻烦的科学家。在中国，说真话的科学家是要付出代价的，要做好坐冷板凳的思想准备。

21世纪以来，四川省林业厅大力发展种竹，我非常赞成，但要注意因地制宜。简阳附近的丘陵顶部也种竹子，水分条件大概不适宜吧。

86. 坡改梯与农业劳动生产率提高

验收水土保持项目坡改梯工程时，我经常听到群众要求修建田间道路的呼吁，"有车子路就更好了，不要肩挑背驮，可以省不少工"。我和地方基层水保部门的同志谈及此事时，他们说，"技术规范对田间道路没有要求，工程计算的经济效益是作物产量增加，与用工多少无关。如果项目经费宽松，可修一些路；若经费紧张，也就算了"。我通过"微服私访"和群众聊天,弄明白了群众迫切要求修路的道理。改革开放以来,群众商品经济的观念越来越强,他们不再仅仅关心一亩地能多打多少粮,更关心一个工能挣多少钱。他们说,"现在可以出去打工挣钱,农田省工,就可以到外面多打几个工,等于多挣钱。道路省工的效果最明显,过去要背几天的,现在有了路,一车就拉完了"。我感到有必要写一篇有关坡改梯与提高劳动生产率关系的文章。

2001年,我参加陕西和甘肃两省"长治"工程的调研,有意识地开展坡改梯提高土地产出率和劳动生产率的调查。甘肃陇南地区水保局王副局长认为我的调查非常有意义,在宾馆的房间里,我们畅谈了一晚。他原来是公社书记,对农田的产量和每项农事的用工了如指掌,他提供的数据既真实,又系统。我主要根据他提供的数据写了一篇《陕甘三县坡改梯工程提高土地产出率和劳动生产率的剖析》的文章,2002年发表于《山地学报》。文章的主要结论是:坡地改造为梯地,土地产出率平均提高30.9%。梯地用肥多,运量大,如不修建田间道路,仍采用人工背运输,劳动生产率仅提高5.6%。修建田间道路,采用车辆运输,可大幅度提高梯地劳动生产率,与坡地人背运输相比,用梯地架子车和四轮拖拉机运输,劳动生产率可分别提高45.20%和88.5%。

之后,我在水土保持的有关会议和调研报告中,经常强调"坡改梯工程不但要提高土地产出率,还要提高劳动生产率",水保司郭廷辅老司长等领导同志也非常赞同这一观点。提高劳动生产率的内容也列入了新的《水土保持综合治理效益计算方法》国家标准。《长江水土保持》第八篇"成就与效益",计算了"长治"工程坡改梯提高劳动生产率的效益。

田间道路是现代坡地农业的重要组成部分,是实现山地农业机械化的基础,当然也成为"十一五"国家科技支撑项目"长江上游坡耕地整治与高效生态农业关键技术试验示范"的主要研究内容之一。

87. 中华人民共和国成立以来黄土高原水土流失治理的变化

2009年,安芷生院士要编写专著 *Late Cenozoic Climate change in Asia - Loess, Monsoon and Monsoon - arid Environment Evolution*（《亚洲晚新生代气候变化——黄土,季风和干旱季风环境演化》）,希望我为可持续发展内容部分写"黄土高原的水土保持与可持续发展"一节。安先生的忙不能不帮,怎么写? 我查阅了有关文献,发现这些文献对中华人民共和国成立以来黄土高原水土流失治理措施和模式的变化历史及其减少入黄泥沙的贡献交代得都很清楚,但很少将治理措施和模式的变化与社会经济发展和科学技术进步联系起来,决定从这一角度写。我撰写的《黄土高原的水土保持与可持续发展》(*Soil conservation and sustainable eco - environment in the Loess Plateau*)分为4个部分:黄土高原概况;水土流失及其危害;水土流失治理;可持续发展战略。该文的重点是水土流失治理,将中华人民共和国成立以来的水土流失治理分为4个阶段:1950年至20世纪60年代中期;60年代中期至70年代末期;70年代末期至90年代末期;90年代末期以来。给出了每一阶段的治理目标,采取的主要治理措施,水土流失科学研究的进步,治理技术的进步和区域社会经济的发展(表10)。

表 10　20 世纪 50 年代以来黄土高原不同阶段水土流失治理措施的变化

时期	1950～60 年代中期	20 世纪 60 年代中期～70 年代末期	20 世纪 70 年代末期～90 年代末期	20 世纪 90 年代末期以来
水土保持项目特征	坡面侵蚀控制	坡面和沟谷侵蚀控制	小流域综合管理	自然恢复和淤地坝建设
主要治理目标	控制坡面土壤侵蚀,提高农业生产力	控制沟谷地和沟间地土壤侵蚀,拦截沉积物,提高农业生产力	控制沟谷地和沟间地土壤侵蚀,阻挡沉积物,提高农业生产力,改善生态环境	通过自然和人工恢复来提高生态环境质量,控制土壤侵蚀,修建淤地坝来拦截沉积物,提高土壤肥力,增加农民收入
治理措施的重要程度	自然恢复(×),修建梯田(☆☆☆),植树造林(☆☆),淤地坝建设(×)	自然恢复(×),修建梯田(☆☆☆),植树造林(☆☆),淤地坝建设(☆☆☆)	自然恢复(☆),修建梯田(☆☆☆),植树造林(☆☆),淤地坝建设(☆☆)	自然恢复(☆☆☆),修建梯田(☆),植树造林(☆☆),淤地坝建设(☆☆☆)
土壤侵蚀的科学研究的进步	径流小区的坡面侵蚀模数高,水文站的河流输沙模数高	坡面侵蚀和沟蚀产沙贡献各占一半	河流泥沙的 70%～80% 来源于沟谷地,20%～30% 来源于沟间地,厚层黄土区不适合森林生长	小流域淤地坝体系可以达到相对稳定状态,吴起县草本植被自然修复非常成功
治理措施技术的进步	鱼鳞坑植树	水坠法修建淤地坝	水土保持工作中逐渐应用机械	水土保持工作中大量应用机械

续表

时期	1950～60年代中期	20世纪60年代中期～70年代末期	20世纪70年代末期～90年代末期	20世纪90年代末期以来
区域社会经济的发展	农村管理系统是农业合作社和人民公社,经济水平较低	农村管理系统是人民公社,经济水平较低。经济水平较低	农村管理系统是农户家庭联产承包责任制。农户定期外出务工	农村管理系统是农户家庭联产承包责任制。1/3～1/2农户外出务工。经济水平大大提高

注:×－未采用措施;☆－一般措施;☆☆－重要措施;☆☆☆－非常重要措施。

该书未能如期出版,我在美国地理学会2012年年会上,主要根据该文内容做了报告。周萍后来将该文整理后2012年发表于*Environmental Earth Sciences*。

88. 土地承载力

2015年,邓伟所长的973项目"典型山地水土要素时空耦合特征、效应及其调控"获批,他本人承担了《山区国土空间功能优化与调控对策》的课题。项目要解决的关键科学问题之一是"山区水土资源承载力与国土空间功能优化关联机制",这也是课题的主要研究内容。2015年11月,邓伟课题组同志邀请我陪同考察横断山和西南喀斯特地区。我长期从事水土保持研究,对土地承载力有一些思考,认为现行的土地承载力评价方法值得商榷。考察过程中结合实际,我向课题组的同志谈了对现行土地承载力评价方法的一些看法。

土地承载力,是指一定地区的单位面积土地所能持续供养的人口。生产潜力推算法是现行的主要评价方法,根据一定条件下生物产品(主要指粮食)的生产能力,和人口对生物产品的需求,确定土地承载力。我认为这种评价方法存在的主要问题是:将研究区作为一个封闭系统评价其土地承载力。区际间人口和粮食的流通,使基于区域自给自足的这种评价方法不符合现今中国的实际。20世纪80年代实行的家庭联产承包责任制和农民外出打工,基本解决了西南山区农村的温饱问题,现在是如何脱贫奔小康,建设社会主义新农村的问题,需要大幅度提高劳动生产率,增加群众收入和提高生存质量。在考察云南东川小江下游干热河谷流域时,我指着对面高陡山坡上,散布于小块残留红土缓坡的零星农户说:"这些农户现在吃饭没有问题,要脱贫奔小康,如何大幅度增加他们的收入和解决他们的通水、通电、通路,就医及孩子上学等问题?"。我建议他们用开放系统的思路,从劳动生产率和公共社会服务成本的角度出发,建立不同社会经济发展阶段的土地承载力评价指标体系。就开放系统而言,粮食不是评价土地承载力的关键指标,劳动生产率是重要的关键指标,中国与美国等发达国家差距的实质是劳动生产率的低下。提升山区农村的公共社会服务能力,成本不得不考虑。广西环江毛南族自治县为了解决喀斯特洼地的一户农户的通路问题,花了12万。小康型山区农村的土地承载力评价应该考虑公共社会服务成本,这也可为异地扶贫政策提供决策依据。

四、西南喀斯特

89. 土壤地下流失的发现

2006 年大年初二,我突然接到贵阳地球化学研究所所长刘丛强的电话,邀我初五赴贵阳商谈申请《西南喀斯特山地石漠化与适应性生态系统调控》973 项目的事。见面后,他告知我,2004 年和2005 年两次申请均未获批的一个重要原因,是一些专家认为石漠化和水土流失关系密切,而项目申请中缺少水土流失的内容,今年的申请拟增加水土流失的内容,由我负责水土流失的课题。10 年前,验收地化所环境地球化学国家重点实验室时,我和刘所长见过一面,并无深交,可能是北京的专家推荐了我。就这样,我涉足了西南喀斯特山地的水土流失研究。

我有一个习惯,开展新区域的工作,除大量阅读文献,了解前人研究成果外,还喜欢先路线考察,熟悉环境,发现问题,形成研究思路,再制定真正的研究计划。2006 年 11 月,我和汪阳春等驱车考察昆明—贵阳—桂林一线的喀斯特地貌和石漠化,在昆明到贵阳的考察路途中,我注意到和花岗岩风化壳的"未风化基岩 - 弱风化岩 - 强风化岩 - 土壤"的岩土渐变不同,碳酸盐岩风化壳是岩土突变,基岩和土壤直接接触。我还注意到土下的或暴露地面不久的石灰岩表面光滑如镜,长期暴露地面的石灰岩表面粗糙不平,溶蚀纹沟发育。我和汪阳春副研究员一路上对这些现象进行了热烈的讨论,未得其解。到贵阳后,我向地化所王世杰副所长谈了碳酸盐岩风化壳的岩土突变的现象,他带我们考察了他们开展的碳酸盐岩风化壳成土速率研究的平坝剖面。平坝剖面的红土层和下伏白云岩直接接触,我们在岩土界面处和红土层中下部发现了大量密集的擦痕,擦痕镜面光滑(照片22)。后来,贺秀斌研究员又取了岩土界面附近的土样,作了微结构的切片。显微镜下,擦痕更加清晰。

照片22　喀斯特坡地的地下流失

a. 贵州平坝白云岩和上覆风化壳土层的直接接触;b. 接触面附近土层中的擦痕;

c. 被土体充填的石灰岩垂直裂隙;d. 土下岩石表面光滑如镜

大量密集的擦痕表明,碳酸盐岩风化壳的岩土界面处和上覆土体下部发生过土壤蠕滑。"土壤蠕滑"机制可以成功解释风化壳岩土直接接触和土下岩石表面光滑的现象:土下的碳酸盐岩表面化学溶蚀强烈,岩石溶蚀后产生的孔裂隙,被上覆塑性土体以蠕滑的方式充填,土石直接接触(照片22)。在土体充填下伏岩石表面溶蚀后产生的孔隙过程中,不可避免地要摩擦岩石表面,土下岩石表面光滑如镜是土体长期磨蚀岩石表面的结果(照片22)。长期出露地面的岩石,在差异性溶蚀和溅蚀的作用下,岩石表面粗糙。花岗岩风化壳发育过程中,风化形成的黏土矿物体积远大于长石等原生矿物,不可能出现溶蚀孔隙,因此风化壳剖面的岩土呈渐变过渡。

通过土壤蠕滑现象的发现,我逐渐形成了喀斯特坡地土壤流失的完整图像。不同于非喀斯特坡地的土壤流失几乎全为地面的流水流失,喀斯特坡地的土壤流失是化学溶蚀、重力侵蚀和流水侵蚀叠加的结果,流失方式不仅有地面流失,还有地下流失。纯碳酸盐岩石质山地,可以看作为一个布满"筛孔"的石头"筛子",溶沟、溶槽和洼地为被土壤塞住的形状不一、大小不等的"筛孔","筛孔"内的土壤,通过地下流失,充填土下化学溶蚀和管道侵蚀形成孔隙和孔洞,部分进入地下暗河(图41)。

90. 为什么喀斯特锥丘的坡度35°左右?

2006年承担西南喀斯特石漠化973项目的水土流失课题后,我赴黔中高原的贵阳、安顺、普定等地考察,注意到这些地方的喀斯特丘陵多呈金字塔状的锥峰,山坡坡度大体一致,35°左右(照片23)。当然,也有近乎垂直的陡崖。为什么喀斯特锥峰丘坡的坡地35°左右?我仔细观察后发现,丘坡风化岩层比较破碎,丘坡下部多发育有碳酸盐岩角砾组成的倒石堆。道理很简单,风化破碎岩屑,如同松散沙土和煤屑,受控于35°左右的休止角(照片24)。岩层较为完整的边坡坡度可大于35°,甚至近乎垂直陡崖。松散沙土

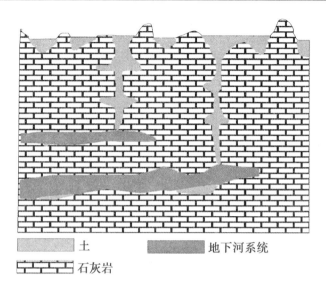

图41　地下流失示意图

的休止角理论相关公式如下：

斜坡岩土的下滑力：　　T = P · sinα

抗剪强度：　　　τ = c + P · cosα · tanφ

边坡处于极限稳定状态时,T = τ,松散砂土无黏聚力,c = 0,则可得：

tanα = tanφ

松散沙土内摩擦角35°。休止角等于内摩擦角,因此松散砂土堆积体(砂堆、煤堆等)的边坡坡度均为35°。碳酸盐岩完整的岩层黏聚力(c)高,可以维持高陡的边坡,但在表生风化过程中,喀斯特丘陵坡地的表层岩层整体结构破坏,黏结力(c)消失,不能维持高陡的边坡,等同于松散岩土,内摩擦角35°左右。

2007年,王世杰和我一起乘车从贵阳到普定,他指着窗外的连绵不断的喀斯特丘峰群,问我"为什么这些丘峰的坡度都差不多?"。我作了以上解释,他认为很有道理。

照片 23　贵州普定的喀斯特锥峰　　　　　照片 24　港口的煤堆

91. 喀斯特坡地径流系数远低于流域径流系数

2006 年 11 月的喀斯特路线考察,我们到了中国科学院长沙亚热带生态农业所的广西环江喀斯特生态试验站。该站的陈洪松研究员(中国科学院水保所前所长邵明安研究员的博士生)陪同我考察了试验站的大型喀斯特坡地径流试验场,一排 14 个径流小区,每个小区面积 2 000 m² 左右,非常壮观。我是水保所的老朋友,也是他的前辈,他向我倒了不少苦水:"观测了 3 年,径流小区产流产沙非常少,王克林所长埋怨我把径流池修得太大。径流池的尺寸是依据文献资料中的径流系数设计的,想不到产流如此之少"。通过路线考察,我对喀斯特坡地的岩土组构和水土流失方式已经有所认识,告知他"径流场坡地薄层含砾土下伏的碳酸盐岩孔、洞和裂隙壤非常发育,地表径流易于入渗,产流量如此之低并不为怪,你参考的文献资料中的径流系数可能是流域的径流系数或土质坡地的径流系数"。他和长沙所的同志感到我的解释很有道理。2006 年冬,《西南喀斯特山地石漠化与适应性生态系统调控》973 项目获批,中国科学院贵阳地化所决定在贵州普定陈旗小流域建立喀斯特生态试验站,我帮助他们利用自然地形布设了 6 个全坡大型径流小区,小区面积 900~2 000 m²,2007 年 7 月开始观测,获得了可靠的喀斯特坡地产流产沙数据。4 年的观测结果表明,6 个径流小区的径流系数介于 0.19%~2.18%,远低于当地的区域径流系数 40%。喀斯特地区,坡地的地表径流通过孔、洞和裂隙迅速渗入地下,进入地下暗河,再汇入地表河流,由此坡地的径流系数远低于流域的。地化所的彭涛利用 2007 年的观测资料,撰写发表了《喀斯特坡地土壤流失监测结果简报》一文,首次报道了喀斯特坡地如此低的径流系数。欣慰的是,喀斯特坡地径流系数低的认识已逐渐被接受。

2009 年,我参加了长江水利委员会组织的"长治"工程 20 年的贵州片调研时发现,由于无可靠的坡地径流系数资料,对喀斯特坡地产流特点认识不足,当地多用流域径流系数作为坡地蓄水工程设计来水量的参考。由于设计的来水量偏大,部分水窖蓄水不足。

根据喀斯特坡地产流的特点,我们提出了"狠抓路沟池,治理石漠化坡耕地"的理念,在石漠化坡耕地内修建"田间道路集水面 + 蓄水池"工程,硬化田间道路既解决田间运输,又集蓄降水径流,保证蓄水池有水可蓄。地化所在贵州普定陈家寨,我在四川叙永落卜镇进行了试点治理,都取得了较好的效果,受到群众的欢迎。2010 年西南大旱,地化所王世杰研究员和我共同撰写了《关于解决我国喀斯特石漠化地区农田干旱缺水问题的建议》的咨询报告,得到时任国务院副总理回良玉同志的重要批示。

92. 石灰岩与白云岩风化壳的区别

我在野外工作中注意到,石灰岩与白云岩坡地风化壳的岩土组构截然不同。石灰岩风化壳剖面中,垂直土楔发育,宽度数厘米至数十厘米不等,深度数十厘米 - 数米不等(照片 25)。坡地土壤为黑色或黄色石灰土,部分土楔的中下部土壤为黄壤,甚至有铁锰结核分布。白云岩坡地土壤多呈连续或不连续的薄片状分布,厚度数厘米至十余厘米;风化壳剖面中,一般无土楔发育,土壤多为黑色石灰土(照片 26)。

我推测石灰岩与白云岩风化壳岩土组构的不同可能与岩石的水分入渗特性有关? 我查找了相关资料,石灰岩的矿物成分为方解石($CaCO_3$),岩石结构有碎屑结构和晶粒结构两种,粒径小于 0.05 mm。白云岩矿物成分为白云石($CaMg[CO_3]_2$),岩石结构多为晶粒结构,晶粒直径多大于 0.1 mm,中－粗粒白云岩晶粒直径 0.3~0.6 mm。石灰岩颗粒间的孔隙小,为毛细孔隙,水分不能通过孔隙向下入渗,不得不沿垂直节理集中向下入渗。入渗过程中,水分溶解节理两侧的碳酸钙矿物,形成较宽的垂直裂隙,地表的土壤通过蠕滑或径流带入充填垂直裂隙,形成土楔。白云岩颗粒间的孔隙大,非毛细孔隙发育,水分能通过非毛细孔隙弥漫状向下入渗,不必沿垂直节理集中向下入渗,因此垂直裂隙和土楔不发育。刘彧还采集了普定石人寨附近的一个石灰岩土楔的分层样品,以期利用 [10]Be 断代技术测定土楔的形成年代。

由于岩土组构不同,白云岩与石灰岩坡地的植被差异很大。白云岩坡地风化壳土层浅薄,石漠化坡地多为草坡,普定魏旗一个白族村寨附近的一个白云岩山丘较好地保存了原生林植被,树木密度不大,树径小,但林下藤本植物发育,郁闭度高。石灰岩坡地土壤鸡窝状分布于溶穴、溶槽内,土楔土壤深度可大于 1 m,原生植被为茂密的森林。现石灰岩坡地多为旱坡地,部分已改造为梯地。石漠化严重的坡地多为草帽地或铺盖地,退耕石漠化坡地自然恢复的植被多为乔灌木。

93. 洼地水库漏水和落水洞的"水爆"成因

2017 年,我在普定开展利用沉积物 [137]Cs 断代技术,测定洼地

照片 25　石灰岩风化壳　　　　照片 26　白云岩风化壳

沉积速率,推算峰丛洼地小流域侵蚀速率的研究,马官冲头洼地是研究洼地之一。20 世纪 80 年代,当地在该洼地开展了阻塞地下河修建洼地水库的试验。由于漏水严重,水库建成后不久就成了干库。洼地水库漏水的道理如下:洼地四周山体的碳酸盐岩层中,孔、洞、隙组成的地下管道系统发育。水库修建前,丘峰坡地降雨径流入渗到表层岩溶带,进入地下管道系统。径流通过地下河直接流入主河,或在洼地周围坡地的下部渗出成泉,进入洼地,再通过洼地底部落水洞汇入地下河。地下河阻塞后,洼地形成水库,水头压力增大,可能将原被阻塞的孔、洞、隙压开,形成新的地下流水通道,水库漏水成为干库,如冲头洼地水库。有一次,普定县水利局局长请我吃饭,我们谈及了冲头洼地水库。我说,"这个水库是失败的典型"。他说,"我的观点与你完全一致"。

2007 年 2 月,我在冲头洼地干涸水库库底踏勘,选定钻孔孔位时,发现库底地面有 3 个沿岩石裂隙新近爆裂形成的落水洞(照片 27)。当地老乡告知,这是阻塞地下河出口修建水库水爆形成的新落水洞。形成机理如下:周围丘峰坡地入渗到山体内的径流,如地下河被阻塞,可形成上百米的水头压力,完全可能破裂岩层,发生水爆,形成落水洞。我由此得到启发,部分落水洞也可能是"水爆"成因。

照片 27　普定冲头洼地水爆形成的落水洞

94. ^{137}Cs 法不适用于喀斯特坡地土壤流失量测定

^{137}Cs 法测定土壤侵蚀量的原理,是根据侵蚀土壤的^{137}Cs 流失量,利用相关模型计算侵蚀量。黄土、红土、黑土和紫色土等均质土土壤样品的采集,多采用取样筒法,根据取样筒的面积和土样的^{137}Cs 活度求算土壤的^{137}Cs 面积活度,取样筒的直径 6~9 cm 不等。考虑到喀斯特坡地土壤异质性强,土被分布往往不连续,土层厚薄不一,取样筒法可能不适用于喀斯特坡地土壤样品的采集,我采用了宽幅样带的取样方法,以图解决取样筒取样代表性不好的问题。在中国科学院亚热带农业生态研究所的环江喀斯特农业生态试验站,我们紧邻径流小区,砍出了一条长 337 m、宽 3 m 的顺坡取样带,清除地面灌丛植被,采用大面积开挖法采集土壤全样(照片 28a)。取样样方顺坡长 1 m(1 m×3 m),样方间隔 10 m 左右。挖取样方内的全部表层土壤直至基岩(土层深度一般不超过 30

cm,照片 28b),挖取的土壤,现场过筛称重(孔径 20 mm)(照片 28c、d)。将 <20 mm 的土壤混合搅拌均匀,取 1 kg 左右土壤装入土样袋,带回实验室测定^{137}Cs 活度。根据样品的^{137}Cs 含量,样方挖取土壤的总重和样方面积,计算^{137}Cs 面积活度。

照片 28 喀斯特坡地^{137}Cs 土壤样品的宽幅样带取样

a. 紧邻径流小区的取样带;b. 土壤剖面;c. 过筛;d. 称重

测出的研究坡地^{137}Cs 平均面积活度仅 261.1 Bq/m^2,为本底值的 26.2%,用非农耕地剖面形态模型和扩散模型计算出的侵蚀模数分别为 2 190.5 t/km^2·a 和 567.34 t/km^2·a。紧邻取样带的大型径流小区 2005 年以来的侵蚀模数不到 10 t/km^2·a,显然,侵蚀模数的^{137}Cs 法测定值不能表征实际侵蚀模数。通过喀斯特坡地岩土组构特点的分析,我们找到了比较合理的解释:①喀斯特坡地土壤粒度粗,土层薄,^{137}Cs 吸附总量有限。样地土壤 < 2 mm 的细粒土平均含量仅24.8%,细粒土的平均质量厚度 1.82 g/cm^2,以土壤干容重 1.3 g/cm^3 计,相应的土层厚度仅 1.4 cm。黄土和紫色土等均质土,^{137}Cs吸附于 10 余厘米厚的土层内,显然,喀斯特坡地土壤的 ^{137}Cs 吸附能力远低于黄土和紫色土;②岩溶坡地裸石面积比例大,^{137}Cs 降尘核爆期间流失比例高。岩石基本不吸附 ^{137}Cs 尘埃,核爆期间随降水沉降到裸石上的部分 ^{137}Cs 尘埃随径流直接流失,未被土壤吸附。岩溶坡地土壤的 ^{137}Cs 流失未必是坡地地表流水侵蚀的结果,因此即使采用大面积开挖法,^{137}Cs 法也不适用于岩溶坡地土壤流失量的测定。

2008 年,我在国际原子能委员会 CRP 项目会议上,作了"现行的 ^{137}Cs 示踪方法不适用于测定岩溶坡地的土壤流失量"的报告,得到了与会专家的认可和高度评价。项目学术秘书 Gerd 说:"喀斯特土壤异质性强,研究难度大,土壤学家多回避此类土壤,你敢于挑战喀斯特土壤,有勇气;研究结果也令人信服,现行的 ^{137}Cs 示踪方法不适用于测定喀斯特坡地土壤流失量的结论是可信的。"

95. 洼地沉积 ^{137}Cs 断代确定喀斯特
小流域坡面侵蚀模数

查明小流域土壤侵蚀模数是我承担的 973 课题"西南喀斯特山地土壤侵蚀过程与水土流失危险度评价"的重要研究内容,西南喀斯特地区土壤侵蚀研究基础薄弱,可靠的侵蚀模数实测径流小区资料有限,^{137}Cs 法又不适用于测定岩溶坡地的土壤流失量,怎么办? 天无绝人之路,我想到了峰丛洼地里的泥沙沉积(照片 29a、b)。峰丛洼地是西南喀斯特地区广泛分布的一种地貌类型,洼地为丘峰包围,组成封闭的小流域。洼地中间或边部发育有落水洞,洼地小流域的暴雨径流全部汇入洼地,经落水洞或通过洼地底部土壤的入渗进入地下暗河,坡地侵蚀产出的泥沙随径流进入洼地,部分沉积于洼地内,部分经落水洞进入地下暗河。由于排水不畅,一些洼地雨季暴雨后往往积水,发生涝灾,积水淹没时间可长达3~5天甚至更长,大部分甚至绝大部分泥沙沉积在洼地内。此类洼地小流域可视为大的天然径流试验场,可以用 ^{137}Cs 法断代的方法,确定洼地内 1963 年以来的泥沙沉积厚度,求算泥沙沉积量,进而推算小流域侵蚀模数。

照片 29 研究洼地和沉积剖面样品采集

a. 贵州普定石人寨洼地;b. 贵州普定马官洼地;c. 钻孔取样;d. 开挖剖面取样

在用洼地的泥沙沉积量推算小流域侵蚀模数时,泥沙拦截率是不可回避的问题。汇入洼地的泥沙,有多少沉积在洼地内,有多少经落水洞进入地下暗河系统?毫无疑问,洼地积水时间越长,泥沙拦截率越高。到底是多少?我不清楚,如拦截率太低,这种方法没有价值。如何得到比较可靠的泥沙拦截率的值?洼地如同一个小水库,应该有人研究过小水库的泥沙拦截率。我查阅了国内外相关文献,终于找到了美国 Ward 先生 1981 年的 *A Verification*

Study on a Reservoir Sediment Deposition Model 一文,该文根据塞流理论推导出适用于临时性小积水体的洪水滞留时间和泥沙拦截率相关关系模型(DEPOSITS Model),并用美国几个小水库洪水滞留时间和泥沙拦截率的实测数据进行了验证。从实测数据可见,洪水滞留时间大于 20 小时的泥沙拦截率均大于 70%。我心里有底了,西南峰丛洼地小流域的侵蚀产沙发生于每年 3~5 次的大暴雨事件,每次大暴雨事件积水时间超过 2 天的洼地,泥沙拦截率不会低于 70%,用洼地的泥沙沉积量可以推算出比较可靠的小流域侵蚀模数。

我的课题组在贵州普定、荔波和广西环江,选择了 6 个不同土地利用类型的峰丛洼地小流域(流域面积均小于 1 km²),开展了洼地沉积泥沙的 ^{137}Cs 法断代研究(照片 16c、d),求算了这些小流域的平均侵蚀模数。这些喀斯特洼地均为农田,由于耕作的混合作用,^{137}Cs 基本均匀分布于一定深度的土层内,不能像湖泊沉积剖面一样,根据 1963 年 ^{137}Cs 蓄积峰的深度计算沉积速率,但可以根据剖面的 ^{137}Cs 分布深度和犁耕层厚度之差计算沉积速率(图 42)。除 1979 年森林遭受严重破坏的普定石人寨小流域高达约 3 000 t/km²·a 外,其余的森林、草地、石漠化农业小流域等 5 个小流域1963 年以来的平均侵蚀模数均小于 30 t/km²·a,其中森林小流域仅 1 t/km²·a。普定陈旗小流域灌木林地和石漠化坡耕地的全坡面大型径流试验场的实测侵蚀模数最大值为 31.4 t/km²·a,这与通过洼地沉积泥沙的 ^{137}Cs 法断代测定的小流域土壤侵蚀模数非常吻合,测定结果得到了相互验证。

主要根据以上 6 个小流域侵蚀模数的测定结果,我们对连续性纯碳酸盐岩山地的土壤地面流失速率有如下认识:原始森林植被未遭受破坏的山地的土壤地面流失速率低于 10 t/km²·a;森林植被遭受破坏的短期内,土壤地面流失速率可高达数千至上万 t/

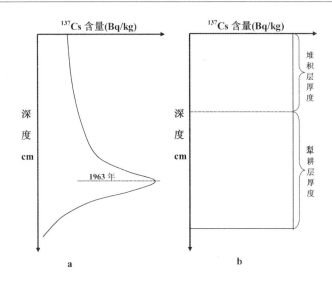

图 42　未耕作和耕作洼地沉积物^{137}Cs 断代示意图

km^2・a;表层土壤大量流失后,土壤地面流失速率又急剧降低至小于 10 ~ 100 t/km^2・a。

96. 谷地是峰丛洼地区河流泥沙的重要来源

2008 年左右,普定石漠化治理工程在陈旗小流域的山坡沟道内修建了 8 个蓄水池。由于漏水,这些蓄水池一直是干池,池底有一些泥沙沉积。地化所彭涛有一个喀斯特流域泥沙来源的青年基金课题,2015 年,他收集了这些蓄水池的沉积泥沙和坡地表层土壤的样品,以期通过两者的^{137}Cs 的含量对比,确定坡地冲沟产出泥沙中表层土壤的贡献率。^{137}Cs 的测定结果出来后,他请我帮忙分析。8 个蓄水池沉积泥沙的^{137}Cs 平均含量1.40 Bq/kg(0.80 ~ 1.90 Bq/kg),远低于9 个坡耕地和林地表层土壤的^{137}Cs 平均含量3.08 Bq/kg(2.20 ~ 4.01 Bq/kg)。沟道侵蚀和地下漏失产出的泥沙不含^{137}Cs,坡耕地和林地表层土壤产沙占蓄水池沉积泥沙的55%。

陈旗小流域沟口沟道内 3 个沉积泥沙的平均^{137}Cs 含量 2.32 Bq/kg(2.04 ~ 2.67 Bq/kg),高于坡地蓄水池沉积泥沙的^{137}Cs 含量(1.40 Bq/kg)。这出乎我的预料,原以为谷地地形平坦,侵蚀轻微,产沙有限,流域产沙主要来源于坡地,沟口和蓄水池沉积泥沙的^{137}Cs 含量应相差无几。现在看来,谷地内农田产沙也不可小觑。陈旗小流域谷地内全为农田,谷底为水田,坡麓为坡度小于 10°的坡耕地。坡麓的坡耕地虽然坡度不大,但侵蚀模数也有几百 t/km^2 . a,是小流域内喀斯特坡地径流小区实测的几 t ~ 几十 t/km^2 . a 的数十倍。其实想想也有道理,喀斯特坡地少量的土壤分布于溶沟、溶槽、溶穴内,地表径流系数又低(小于 0.05),缺水少土,产沙少很正常。

谷地是喀斯特流域河流泥沙的主要来源的认识,仍需要其他示踪方法的验证。如果这一观点得到确认,谷地坡麓的坡耕地应是西南喀斯特峰丛洼地区水土保持小流域治理的重点部位。

97. 矿质养分制约喀斯特石质坡地植被生长

2007 年初,我和王世杰等 973 项目的专家一起考察贵州茂兰国家级喀斯特森林自然保护区,发现保护区内的原始森林没有高大的树木。询问后得知,喀斯特石质山地树木胸径小,生长慢是普遍现象,树龄一般不超过几十年。我联想起安徽黄山、山东泰山的花岗岩和晋陕蒙接壤处的砒砂岩等非碳酸盐岩的石质山地,高大的松树扎根于岩石裂隙中,生长非常健康。为什么同是石质山地,喀斯特山地的树木就比非喀斯特的差? 植物的生长需要水分和养分,茂兰保护区为南亚热带湿润气候区,年降水量高达 1 754 mm,植被群落多喜湿植物;安徽黄山和山东泰山气候条件并不比茂兰优越,特别是晋陕蒙接壤地带地处北温带,气候寒冷,年降水量仅 400 mm,远比茂兰差,植被群落多耐旱植物。干旱缺水显然不是石质山地树木生长慢、树龄短的主要原因,可能与矿质养分有关。我2004年发表的《造林困难地区植被恢复的科学检讨及建议》一文中,将西南喀斯特地区植被恢复困难归咎于干旱缺水的观点未必完全符合实际。

　　想到矿质养分问题仅仅是提出了问题,但如何论证喀斯特石质山地森林植被生产力低和矿质养分有关? 我又重读了特鲁吉尔的《土壤与植被系统》一书,该书的土壤－植被养分系统中养分循环模型给了我很大启发(图43)。

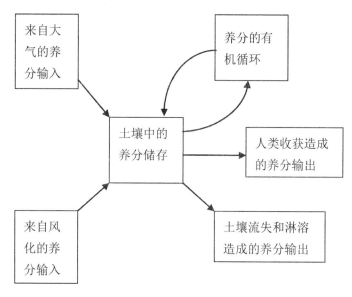

图43　土壤－植被系统中矿质养分循环示意图

　　土壤－植被系统在处于稳定态的自然状况下,来自大气的养分输入＋来自风化的养分输入＝土壤流失和淋溶造成的养分输出,死亡的植物体和枯枝落叶腐烂后每年回返到土壤中的矿质养分＝植被群落从土壤中每年吸取的矿质养分。根据植被生产力和植物灰分的化学元素含量,可以计算植被群落从土壤中每年吸取

的矿质养分。我查找了大量的相关文献,找到了喀斯特石质山地
植被生产力和西南喀斯特森林植物灰分的资料。杨汉奎先生在
《贵州茂兰喀斯特森林群落生物量研究》一文中,给出了茂兰保护
区石质坡地森林群落进行生物量调查的结果。群落的乔木层生物
量89.2 t/hm²,不但低于南方哀牢山木果石栎林的348.7 t/hm²和
湖南会同66年生杉木林的274.9 t/hm²,也低于北方长白山阔叶红
松林的275.7 t/hm²和长白山云、冷杉林的242.6 t/hm²。他得出了
"与世界现存各类森林相比,茂兰喀斯特森林为低生物量森林"的
结论。林鹏先生的《植被群落学》给出了地球上不同生态系统的生
产力,热带雨林最高,为20 t/hm² · a;荒漠灌丛则为
0.71 t/hm² · a。我们取疏林和灌丛的6.4 t/hm² · a,来表征喀斯
特石质山地森林的生产力。地上部分以3/4计,年生物量为
4.8 t/hm² · a。侯学煜先生的《中国植被地理及优势植物化学成
分》和曹建华、袁道先先生的《受地质条件控制的中国西南岩溶生
态系统》给出了石灰岩山地季雨林阔叶树的灰分含量为9.5%。
利用以上数据,计算出每公顷森林地上部分每年要从土壤中吸取
0.456 t/hm²的矿质养分。

在用 ^{137}Cs法测定喀斯特坡地土壤流失量的适用性研究时,我
们采用宽幅样带法采集了喀斯特坡地土壤样品,取得了广西环江
站和贵州清镇王家寨喀斯特坡地土壤质量厚度的宝贵资料,分别
为21.95 kg/m²和16.04 kg/m²(以土壤干容重1.3 g/cm³计,相应的
土层厚度分别为1.69 cm和1.23 cm)。这意味着,每年森林从土壤
中吸取的矿质养分重量约相当于土壤总重量的千分之二。喀斯特
坡地土壤总量少,难以满足高大树木对矿质养分的需求,碳酸盐岩
石的矿物成分主要为石灰岩和白云岩,除Ca和Mg外,基本不能提
供其他矿质养分。花岗岩等硅酸盐岩富含各种矿质养分,这些岩
石组成的石质山地,虽然也缺少土壤,但植物根系可以直接从岩石

中直接获取矿质养分,满足高大树木生长的需要。

通过以上的论证,可以得出"喀斯特石质坡地土壤总量少,提供矿质养分能力有限,可能是植物生长受限的重要原因"的结论。烧山加速了矿质养分返回土壤,促进来年植物快速生长,这也是西南喀斯特山区烧山较为普遍的重要原因。

基于矿质养分不足是西南喀斯特石质山地植物生长受限的重要原因之一,我提出了施用矿质肥料促进喀斯特石质山地植被修复的建议,并委托广西大学、贵州大学的林学院和四川叙永县林业局开展了相关试验,取得了一定的效果。

98. 喀斯特坡地土壤的硅酸盐矿物物质平衡

喀斯特坡地土壤矿质养分平衡的观点提出后,我又不由自主地延伸联想到土壤的硅酸盐矿物物质平衡的问题。无论是非碳酸盐岩地区,还是碳酸盐岩地区,土壤细颗粒($<1\ mm$)和河流悬移质泥沙的主要矿物成分均为硅酸盐矿物。973课题需要回答的土壤容许流失量,可以认为是硅酸盐容许流失量。模仿土壤–植被系统的矿质养分循环模型,我构建了"喀斯特坡地土壤的硅酸盐矿物物质平衡模型"(图44)。利用西南喀斯特地区地质、土壤、岩溶、地球化学、植物化学、水文、植被、土壤侵蚀、大气污染等多学科的前人研究成果,结合自己在土壤地面流失、地下流失和矿质养分方面的研究结果,以茂兰喀斯特森林保护区石质坡地为例,首先估算了无人类干扰的纯碳酸盐岩坡地的土壤硅酸盐矿物物质平衡;在此基础上又估算了不纯碳酸盐岩和有人类活动干扰坡地的土壤硅酸盐矿物物质平衡(表11)。

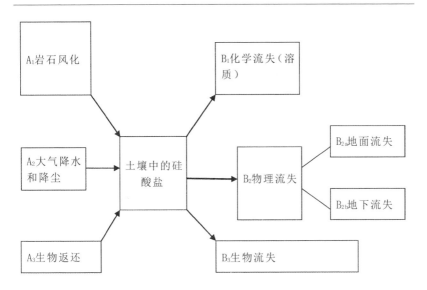

图 44　喀斯特山地土壤硅酸盐矿物的物质平衡模型

表 11　喀斯特坡地土壤中硅酸盐矿物物质平衡

山地类型	输入速率 （t/km² · a）			输出速率 （t/km² · a）				
	成土速率	大气降尘	生物返还	化学流失	物理流失			生物流失
					物理流失	地面流失	地下流失	
无人类干扰的纯碳酸盐岩山地*	17.4	5	30.8	5.4	17.0	3.4	13.6	30.8
无人类干扰的极纯－不纯碳酸盐岩山地	5～500	5	5～50	3～10	10～500	10～500	0～20	5～50
有人类干扰的极纯－不纯碳酸盐岩山地	5～600	5	5～70	3～12	10～>1 000	10～>1 000	0～25	5～70

注：* 以茂兰喀斯特森林保护区为代表。

　　喀斯特坡地硅酸盐矿物物质平衡模型的构建,使西南喀斯特地区土壤容许流失量的问题也迎刃而解:连续性纯碳酸盐岩地区,总允许流失量(地面＋地下)为 20 t/km² · a ,允许地面流失量 5 t/

$km^2 \cdot a$。由于地下流失速率主要受控于岩石的裂隙、孔隙发育程度,绝对值不超过 20 $t/km^2 \cdot a$;不纯碳酸盐岩区,总允许流失量和容许地面流失量差别不大,没有区别的必要,允许流失量随酸不溶解物含量(主要为碎屑岩含量)的增加而增加,当酸的不溶解物含量介于 5% ~ 15% 时,允许流失量为 20 ~ 100 $t/km^2 \cdot a$;15% ~ 30% 时为 100 ~ 250 $t/km^2 \cdot a$;>30% 时则为 250 ~ 500 $t/km^2 \cdot a$。

99. 土壤丰量概念的提出

通过土壤矿质养分的研究,我已认识到"喀斯特坡地土壤是肥沃的,但土壤总量太少,土地是贫瘠的",坡地的植被生物量和生产力与土壤总量密切相关。土壤的多少是评判土壤质地的重要指标,均质土一般用土壤厚度表征。但喀斯特坡地土壤多为异质性很强的非均质土,土壤的多少难以用土壤厚度来表征。文献中常用"土层浅薄""厚度不足 30cm",描述喀斯特坡地土壤少的特点,科学上不严谨。

我一直在思考表征喀斯特坡地土壤总量的科学术语,2009 年在与李豪等合写的《桂西北倒石堆型岩溶坡地土壤的 ^{137}Cs 分布特点》一文中,借用了表征湖泊沉积深度的"质量深度(mass depth)"一词,提出了"土壤质量深度(soil mass depth),单位,t/m^2"一词,但未得到学界的认同。2017 年 3 月,我陪同南京土壤所张佳宝研究员考察普定石漠化治理试验点时,向他介绍了土壤的多少是决定喀斯特坡地植被的关键因子的观点。他完全赞同,在野外现场他用"土壤容量"一词表征坡地土壤的多少,我感到很好。随后,应广西师范学院胡宝清教授的邀请,我前去南宁作喀斯特科研故事的报告,并赴平果等地进行了实地考察。我在野外现场,实地讲解了喀斯特坡地的岩土组构与上覆植被的关系,希望他们开展喀斯特坡地土壤 – 植被系统的研究,建立土壤容量与植被生物量及生产力相关关系的研究。我还介绍了将公路、采石场剖面(照片 30)视为 CT 扫描断面,采用照相－室内图像处理和野外实测相结合的技术路线。他们很感兴趣,准备立即愿意开展这方面的研究。

次日,胡教授开车送我到高铁站。车上,他说,上网查了,土壤容量已用于土壤的环境容量,不能再用"土壤容量"来表征喀斯特坡地的土壤总量。的确,用土壤环境容量(soil environment capacity)用于表征土壤总量不妥,受地球化学元素丰度的启发,我提出了"土壤丰量"的概念,表征土地土壤量的丰富程度,他感到比较确切。在南宁—贵阳的高铁上,我给出了"土壤丰量"明确的定义:植物根系主要分布深度(1 m)内的土地土壤量的丰富程度,用单位面积的土壤总量表征,t/m^2。土壤丰量与土壤质量深度两者的单位一样,区别在于前者明确了"植物根系主要分布深度(1 m)内"的土壤总量。回贵阳后,我同王世杰和河海大学陈喜教授谈了土壤丰量的概念和定义,他们也都认为比较确切。

受陈喜教授之托,我 5 月到普定与他的研究生讨论喀斯特坡地电法勘探剖面。剖面解译过程中,我将喀斯特坡地土壤的深度分布与"木本植物需要常年不间断的土壤水分供给" 相联系,提出了"植物生长土壤水分"(soil water for plan growing)和"木本植物生存土壤水分"(soil water for wooden plant surviving)的概念,很好地解释了白云岩坡地多为草坡的原因。白云岩坡地土壤薄片状地分布于剖面表层,深度 1 m 以下基本无土壤分布,不可能为植物提供常年不间断的水分供给,因此不适合木本植物的生长。

100. 西南喀斯特丘坡的土壤迁移方式

我在新西兰从事过土流研究,对土流坡地地面的流动构造比较敏感,2007 年在贵州荔波县茂兰国家喀斯特森林区和广西长沙所环江站考察时,注意到一些丘峰草坡地面也有隐约可见的流动

照片30 石灰岩风化剖面的岩土组构

构造,后在观察环江站白云岩坡地径流小区时,发现小区的土壤蠕移翻落到小区下端的水泥集流面上(照片31)。在紧邻径流小区的坡地顺坡采集[137]Cs法测定土样时,我注意到坡地上部土壤为薄层黑色石灰土,顺坡向下土层逐渐增厚,土壤也逐渐演化为坡脚的黄壤现象。径流小区实测的地表土壤侵蚀速率很低,不超过20 t/km^2·a。贵州普定陈旗小流域石灰岩坡地的坡脚处也可观察到明显的地表土壤向下蠕移现象,石灰岩坡地径流小区实测的地表土壤侵蚀速率也很低,不到数十 t/km^2·a。

综合对坡地土壤的地表流水侵蚀、地表蠕动侵蚀和地下漏失的认识,我认为在气候湿润的西南喀斯特峰丛洼地区,蠕移是丘陵坡地土壤运移的主要方式。坡地土壤蠕移有两种方式:①溶沟、溶穴中的土壤垂直向下蠕移充填碳酸盐岩溶蚀后形成的空隙(地下漏失);②地表土壤的顺坡向下蠕移。流水侵蚀不是该区喀斯特坡地土壤运移的主要方式。天然植被破坏的初期,喀斯特坡地地表土壤失去植被保护,地表流水侵蚀强烈,流水侵蚀是土壤侵蚀的主

196

照片31　长沙所环江土壤蠕移翻落到径流小区下端的水泥集流槽中

要方式。20世纪80年代以来,随着社会经济的发展、生态保护意识的增强,西南喀斯特峰丛洼地区的植被破坏得到有效抑制,植被逐步恢复,现在喀斯特坡地的流水侵蚀轻微,谷地流水侵蚀远较坡地强烈,是河流泥沙的主要来源。

101. 石漠化分类刍议

973项目"西南喀斯特山地石漠化与适应性生态系统调控"的核心是石漠化,我以前对石漠化知之甚少,弄清一个概念的来龙去脉是我的习惯。我请教了不少专家,拜读了相关文献,对"石漠化"的来龙去脉有所了解。20世纪80年代,受用"荒漠化"表述干旱半干旱地区的生态环境退化或土地退化的启发,国土部桂林岩溶所的袁道先院士和贵州省山地所的杨汉奎教授分别提出了"karst desertification"和"石漠化"的术语,用以表述西南喀斯特地区的生态环境退化。之后,"石漠化"迅即得到学术界的认同并为社会大众所接受,之前的"石山治理"也改称为"石漠化治理"。为了表征喀斯特地区石漠化(土地退化)的程度,石漠化分类方案也应运而生。其中影响最大的是贵阳师范大学熊康宁教授提出的《喀斯特石漠化分级标准》,他将石漠划分为极强度、强度、中度、轻度、潜在和无明显石漠化等6个强度等级。由于裸岩(没有植被覆盖的岩石地面)是岩溶山地石漠化最醒目的景观标志,也是遥感调查易于识别的土地类型,因此通常用裸岩面积占土地面积的比例作为石漠化程度分级的标准。

2006年,我、汪阳春和我的博士生白晓永(熊康宁先生的硕士研究生)进行喀斯特路线考察时,白晓永向我们介绍了"石漠化"的内涵和熊的分级标准。考察途中,我们结合实际,对熊康宁先生的分级标准进行了热烈讨论,认为该标准存在一些问题。如:①不反映坡地土壤状况,不利于用以指导石漠化治理。同为轻度石漠化坡地,土壤面积比例差别可以很大,但土多和土少的坡地,石漠化治理的措施配置是不同的;②"潜在石漠化"作为石漠化程度的一个等级,存在科学逻辑问题。"潜在"的释义是"存在于事物内部尚未显露出来的",所有下伏碳酸盐岩的土地都有发生石漠化的可能。据白晓永介绍,提出这一等级的原意是用以表征"一部分没有发生明显石漠化,但易于发生石漠化的土地"。这是发生石漠化的可能性问题,和石漠化程度分属不同的科学序列,不能混为一谈。

我和长期从事石漠化研究的一些专家多次提出,现行石漠化分类存在科学逻辑问题,难以满足石漠化治理规划编制和措施选择的需要,希望他们著文进行修改,但无人响应。我只好自己草成《西南岩溶山地坡地石漠化分类刍议》一文,提出了如下的"地面物质组成+石漠化程度"的石漠化分类方案(表12)。

表12　地面物质组成 + 石漠化程度的石漠化分类

石漠化等级（裸岩率）	坡地类型(石质土地面积率,%)				
	土质 <20	土质为主 20~40	土石质 40~60	石质为主 40~60	石质 80~100
无 0~30	无石漠化土质坡地	无石漠化土质为主坡地	无石漠化土石质坡地	无石漠化石质为主坡地	无石漠化石质坡地
轻度 30~50		轻度石漠化土质为主坡地	轻度石漠化土石质为主坡地	轻度石漠化石质为主坡地	轻度石漠化石质坡地
中度 50~70			中度石漠化土石质为主坡地	中度石漠化石质为主坡地	中度石漠化石质坡地
强度 >70				强度石漠化石质为主坡地	强度石漠化石质坡地

102.石漠化治理的垂直分带模式

2009年7月,我赴贵州毕节地区考察,受到了地区水保办孟天友主任的盛情接待,他陪同我考察了一些石漠化治理小流域。孟主任毕业于北京林业大学,从事喀斯特地区的水土流失和石漠化治理20余年,有丰富的工作经验,对毕节地区石漠化治理存在的问题认识相当深刻。他认为,"目前的石漠化主要发生在坡腰,坡腰应是石漠化治理的重点,但也是难点"。他的这番话,使我联想到喀斯特丘陵坡地地面物质组成的垂直分布规律:坡上,石质坡地;坡腰,土石质坡地;坡麓,土质坡地(照片32)。这三类坡地的土地利用方式大致为:坡麓土质坡地,多垦为农田;坡上石质坡地,多为次生林灌或裸地,可能有少量草帽田零星分布;坡腰土石质坡地,多为旱作农田,绝大部分是坡耕地或经济林果,耕地不紧张的地区多为次生林灌。

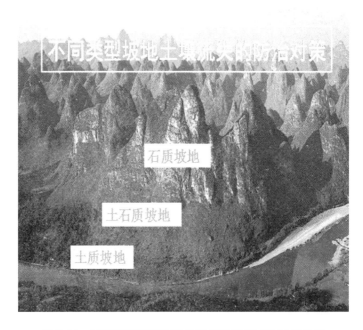

照片 32　西南喀斯特丘陵坡地地面物质组成的垂直分带

坡上石质坡地,坡度陡－极陡,已无土流失;坡麓土质坡地,坡度缓,土层厚,农田多已梯化,或有地埂保护,土壤流失非常有限;坡腰土石质坡地,坡度陡－较陡,是坡耕地的集中分布区,虽然地表流水侵蚀不强烈,但犁耕作用不但顺坡运移土壤,而且促进土壤地下流失,导致土地的石质化。根据以上认识,我提出了喀斯特丘陵坡地石漠化治理垂直分带模式:坡上石质坡地,退耕还林、还灌,自然修复为主,恢复植被;坡腰土石质坡地,尽可能退耕还林、还草,营造用材林、种草养畜;未退耕的坡耕地,构建比较完善的路沟池配套的道路灌溉系统,尽可能种植经济林果和多年生作物,减少土壤扰动;坡麓土质坡地,同非喀斯特地区的坡耕地治理,采用以坡改梯为核心措施的水土流失防治模式坡改梯,建设基本农田。

孟主任非常赞成我提出的"因土制宜,垂直分带石漠化治理模式",我和孟主任等人于2010年在《地球与环境》第二期合作发表了《农耕驱动西南喀斯特地区坡地石质化的机制》一文。

103. 锥峰和塔峰的表层岩溶带径流溶蚀形成机制

2010年,中国科学院战略性科技先导专项"应对气候变化的碳收支认证及相关问题"立项,贵阳地化所副所长王世杰研究员主持的"典型石漠化地区生态恢复和增汇技术试验示范"课题列入专项的"典型区域固碳增汇技术体系及示范"项目,我参加了此课题,做一些参谋咨询工作。该课题原计划开展岩溶高原、岩溶峡谷和峰丛洼地等3个石漠化类型区的石漠化治理的试验示范工作。4月份北京汇报时,中国科学院的丁仲礼副院长要求增加一个断陷盆地区。回贵阳后,王世杰要我协助断陷盆地区的试验示范区的选点。

断陷盆地区主要分布在云南以及与云南接壤的贵州西部,不同于贵州的岩溶高原区广泛发育的锥峰(图45)组成的峰丛地貌,区内无峰丛地貌发育,多为覆盖型喀斯特,坡地土层较厚,丘顶时有石芽、石笋出露,如著名的云南路南石林。以前一直用任美锷先生的地貌发育期理论解释断陷盆地区和岩溶高原区的喀斯特地貌差异,认为云南石林和贵州峰丛分别是幼年期和青年期的喀斯特地貌。选点考察时,我注意到断陷盆地区的松树为云南松,而岩溶高原区为马尾松,这是为什么?我对西南地区的气候、植被和土壤有一定的了解,马尾松分布于昆明准静止锋以东的东亚季风气候区,土壤多为酸性的黄壤,云南松分布于准静止锋以西的西南季风气候区,极少酸性黄壤分布。我对用地貌发育期理论解释断陷盆地区和岩溶高原区的喀斯特地貌差异产生了怀疑,认为可能与气候有关。

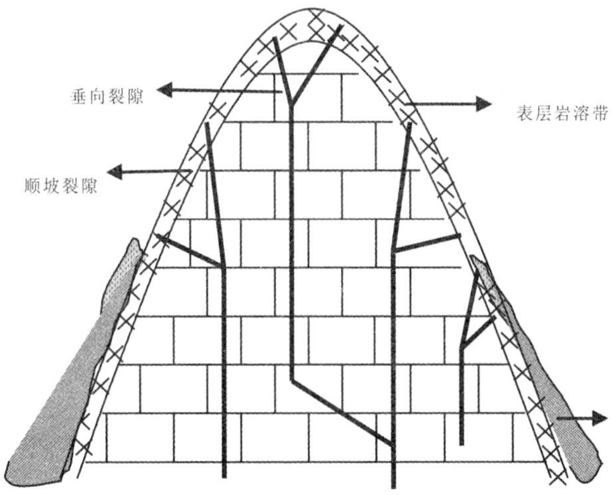

图45 喀斯特锥峰岩土组构示意图

王世杰也认识到气候影响西南喀斯特地貌发育的观点重要性,8月份组织了一次十余位专家参加的路线考察(贵阳—曲靖—昆明—蒙自—师宗—罗平—兴义—贵阳)。考察中,大家对是否存在喀斯特地貌空间分布与气候有关的现象进行了热烈的讨论,"实践是检验真理的唯一标准",通过考察,大家对喀斯特地貌与气候相关的现象的存在取得了共识。一路上,我也在思考气候影响西南喀斯特地貌发育的机理。前人早已认识到喀斯特地貌的区域分布受到气候的控制,锥峰和塔峰等热带喀斯特地貌仅仅分布于南方喀斯特区,北方喀斯特区没有此类地貌发育,但没有给出锥峰和塔峰等热带喀斯特地貌形成的动力学机制。

20世纪80年代以来,表层岩溶带在喀斯特坡地水循环中的重要性逐渐为人们所认识,但并没有用以解释喀斯特地貌的形成。我隐约感到表层岩溶带可能是揭开谜底的钥匙。通过一路的思考,终于形成了"表层岩溶带径流溶蚀控制岩溶坡地发育的动力学机制"的初步观点。晚上在蒙自的茶馆喝茶时,我向河海大学的陈喜教授和地化所的刘再华研究员谈了我的初步观点,他们非常赞同,后来我们三人和王世杰共同署名在《山地学报》发表了《锥峰和塔峰溶丘地貌的表层岩溶带径流溶蚀形成机制》一文。

表层岩溶带径流溶蚀控制岩溶坡地发育的动力学机制是:沿表层岩溶带顺坡裂隙流动的径流(下称表层岩溶带顺坡径流),溶蚀坡地表层岩溶带的岩石,对岩溶坡地的演化具有举足轻重的影响。岩溶坡地的降水平衡可用如下公式表达:

$$W = W_1 + W_2$$

$$W_2 = W_{Q_1} + W_{Q_2} + W_{Q_3} \text{ (图46)}$$

式中:W——降水量(mm);

W_1——蒸散发耗水(mm);

W_2——径流深(mm);

W_{Q_1}——地表径流深(mm);

W_{Q_2}——表层岩溶带顺坡径流深(mm);

W_{Q_3}——净垂向入渗径流深(mm)。

表层岩溶带顺坡径流深大,有利于锥峰和塔峰热带喀斯特地貌的形成,因此此类喀斯特地貌仅分布于气候湿润的岩溶高原区(东亚季风气候区),不分布于相对干旱的断陷盆地区(西南季风气候区)。这一机制还可以较好地解释岩层组构对喀斯特地貌的影响,如产状水平的厚层碳酸盐岩层,不利于垂向裂隙的发育,垂向入渗径流深比例小,表层岩溶带顺坡径流深比例大,有利于锥峰和塔峰地貌的形成;产状垂直和陡倾的碳酸盐岩层,利于表层岩溶带内的径流向下入渗,表层岩溶带顺坡径流量小,不利于此类地貌的形成。滇东高原、贵州高原和广西丘陵平原的岩性和大地构造条件差异不大,气候是这三地溶丘形态差异的主要原因:滇东高原

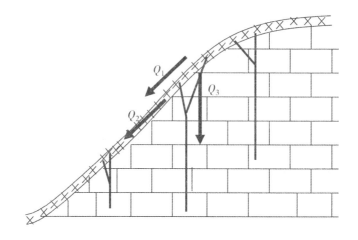

图46　岩溶坡地径流示意图

为西南季风气候区,降水量较低,表层岩溶带顺坡径流量小,溶丘地貌以常态山为主;其余两地为东亚季风气候区,降水量较高,表层岩溶带顺坡径流量大,溶丘地貌以锥峰和塔峰为主,其中,广西丘陵平原的降水量大于贵州高原,前者溶丘地貌以塔峰为主,后者以锥峰为主。

104.西南喀斯特地貌分区

20世纪30年代以来,通过曾昭璇和任美锷等我国老一代地理学家的深入研究,基本查明了西南地区喀斯特地貌的区域分布规律,典型的锥峰、塔峰组成的峰林、峰丛热带喀斯特地貌集中连片分布于贵州高原、广西丘陵平原和毗邻的云南罗平一带。任美锷先生提出了地貌发育期理论,认为云南石林、贵州峰丛和广西峰林分别代表喀斯特地貌发育的幼年期、青年期和壮年期。众多的学者均认识到产状水平、厚度较大的厚层碳酸盐岩层和长期稳定的较平坦地形,有利于峰丛峰林地貌的发育。国务院2008年批复的《岩溶地区石漠化综合治理规划大纲》提出的我国南方石漠化治理工程分区(以下简称石漠化分区),主要依据前人对喀斯特地貌区域分布及与其相关地质构造和区域地貌条件的认识,将我国南方喀斯特地区分为:中高山、岩溶断陷盆地、岩溶高原、岩溶峡谷、峰丛洼地、岩溶槽谷、峰林平原和溶丘洼地(槽谷)石漠化综合治理八大区(图47)。

图47   中国南方喀斯特石漠化治理工程分区图

贵阳地化所王世杰研究员和我多次讨论过石漠化分区,认为该分区较好地反映了西南地区喀斯特地貌的区域差异,分区界线基本合理,但由于缺少喀斯特地貌形成的动力学机制的理论指导,没有认识到气候对南方喀斯特地貌发育的影响,分区命名存在科学性和系统性不强的问题。例如,岩溶高原是宏观地貌单元名词,峡谷、槽谷和峰丛是岩溶高原内发育的次级地貌;断陷盆地强调的是分区的构造成因,和其他分区的地貌名词格格不入等。

我们认为有必要遵循喀斯特地貌类型的地带性和非地带性规律,根据地貌形态、成因的相似性和差异性,提出我国南方喀斯特

205

表13 西南地区喀斯特地貌类型区和亚区的喀斯特地貌与形成条件特点

区	亚区（代码）	石漠化分区	碳酸盐岩分布特点，岩层产状	地势	气候与植被	喀斯特地貌与坡地岩土分布特点
热带喀斯特地貌类型区（I）	黔中高原浅碟型峰丛洼地亚区（I1）	岩溶高原区	面状分布，产状平缓	云贵高原（第二级阶梯）	中亚热带东亚季风气候；中亚热带湿润常绿阔叶林	锥峰为主的浅碟型峰丛洼地；大部分坡地岩层裸露，坡麓土层覆盖
	黔-桂西斜坡型峰丛漏斗型峰丛洼地亚区（I2）	峰丛洼地区	面状分布，产状平缓	云贵高原和广西丘陵平原过渡的大斜坡地带（第二、第三阶梯过渡地带）	中、南亚热带东亚季风气候；中、南亚热带湿润常绿阔叶林	锥峰为主的漏斗型峰丛洼地；绝大部分坡地岩层裸露，坡麓土层覆盖
	广西峰林平原亚区（I3）	峰林平原区	面状分布，产状平缓	广西丘陵平原（第三级阶梯）	南亚热带东亚季风气候；南亚热带湿润季风常绿阔叶林	塔峰为主的峰林平原；坡地岩层裸露，仅坡麓少量土层分布
非热带喀斯特地貌类型区（II）	川西、滇西北中高山亚区（II1）	中高山区	零星分布，产状多倾斜	川西、滇西北中高山（第一、第二阶梯过渡地带）	寒温带-亚热带立体气候；寒温带高山草甸-亚热带森林-亚热带干热河谷蓖树灌草植被	构造抬升强烈的侵蚀山地；大部分山地的坡地土层覆盖，少部分坡地岩层裸露

续表

区	亚区（代码）	石漠化分区	碳酸盐岩分布特点，岩层产状	地势	气候与植被	喀斯特地貌与坡地岩土分布特点
	滇东高原盆谷亚区（Ⅰ2）	岩溶断陷盆地区	面状分布，产状平缓	云贵高原（第二级阶梯）	西南季风气候，亚热带半湿润气候；亚热带半湿润常绿阔叶林	矮缓的溶丘与宽浅的洼地相间；丘坡上层覆盖，溶丘的顶部常有石芽和石芽出露
	南、北盘江高原峡谷亚区（Ⅰ3）	岩溶峡谷区	面状分布，产状平缓	云贵高原内的南、北盘江河谷地带（第二级阶梯）	亚热带湿润气候；亚热带半湿润、半湿润常绿阔叶林	河流深切峡谷；高陡的谷坡与夷平面相间，夷平面上有锥峰从分布。高陡的谷坡岩层裸露，夷平面上锥峰坡麓土层覆盖
非热带喀斯特地貌类型区（Ⅱ）	黔渝川鄂湘接壤的中低山山地亚区（Ⅱ4）	岩溶槽谷区	条带状分布，产状多倾斜	黔渝川鄂湘接壤的中低山山地（第二、第三级阶梯过渡地带）	中亚热带东亚季风气候；中亚热带湿润常绿阔叶林	槽皱构造形成的槽谷相间的侵蚀碳酸盐岩层水平的部分的槽谷地和岭脊顶，发育有锥峰顶，大量分布的锥峰从。大部分坡地土层覆盖，少量分布的锥峰坡地，岩层裸露

续表

区	亚区（代码）	石漠化分区	碳酸盐岩分布特点，岩层产状	地势	气候与植被	喀斯特地貌与坡地岩土分布特点
非热带喀斯特地貌类型区（Ⅱ）	湘中、湘南、鄂东中低山丘陵非槽谷区（Ⅱ5）	和溶丘洼地（槽谷）区	零星分布，产状平缓或倾斜	湘中、湘南、鄂东中低山丘陵（第三阶梯）	中、南亚热带东亚季风气候；中、南亚热带湿润季风常绿阔叶林	分布零星或岩层褶皱的碳酸盐岩组成的侵蚀中低山地,丘陵,个别产状水平的碳酸盐岩层斑块,发育有锥峰峰丛。大部分坡地土层,岩层覆盖,少量锥峰峰地,岩层裸露

地貌新分区系统(表13)。该分区系统采用两级分区。

一级分区:根据喀斯特地貌的气候类型分为热带喀斯特地貌类型区,非热带喀斯特地貌类型区。热带喀斯特地貌类型区,为昆明准静止锋以东的,不包括川黔褶皱带和大巴山褶皱带的扬子准地台和华南加里东地槽及北缘台缘沉降带的中、西部。该区热带喀斯特地貌,是东亚亚热带季风气候、连片分布的产状基本水平的碳酸盐岩和长期稳定的较平坦地形条件叠加的结果;非热带喀斯特地貌类型区,除以上地区外的其他碳酸盐岩发布区。这些地区热带喀斯特地貌不发育,是不满足以上三个条件或其中一个条件的结果。

二级分区:热带喀斯特地貌类型区,根据喀斯特地貌形态组合分为:黔中高原浅碟形峰丛洼地、黔－桂斜坡带漏斗形峰丛洼地亚区和广西峰林平原等3个亚区。黔中高原－黔－桂斜坡带－广西峰林平原的热带喀斯特地貌类型的变化与地势变化、降水量的增加趋势一致。非热带喀斯特地貌类型区,根据区域地貌形态分为:川西、滇西北中高山区,滇东高原盆谷区,南、北盘江高原峡谷区,黔渝川鄂湘接壤的中低山槽谷和湘中、湘南、鄂东中低山丘陵非槽谷区等5个亚区。滇东高原盆谷区在挽近时期快速隆升山地,岩层褶皱和温带、寒温带气候,以上三大条件均不具备;滇东高原盆谷区,西南季风气候区,气候条件不具备;南、北盘江高原峡谷区,晚近时期河流深切,长期稳定的较平坦地形条件不具备;黔渝川鄂湘接壤的中低山槽谷区,岩层褶皱,产状基本水平的碳酸盐岩条件不具备;湘中、湘南、鄂东中低山丘陵非槽谷区,岩层褶皱、碳酸盐岩层分布零星,连片分布的产状基本水平的碳酸盐岩条件不具备。

105. 西南喀斯特槽谷区的地貌分区

西南大学蒋勇军教授主持的 2016 年国家重点研发计划《喀斯特槽谷区土地石漠化过程及综合治理技术研发与示范》获批,地化所是主要承担单位之一,贵州印江土家族苗族自治县是项目重点研究区。2016 年 8 月,王世杰请我陪他赴印江为项目的观测试验场地选址。回贵阳的车上,他问及槽谷区"谷"与"脊"的宽度。我对该区的构造地貌特点有一定了解,答道:川黔褶皱带是槽谷区地质构造的主体,有隔挡式和隔槽式两种褶皱形式,隔挡式"谷"宽"脊"窄,隔槽式"脊"宽"谷"窄。他感到有道理,说:"张老师,你能不能从大地构造的角度对槽谷区进行初步地貌分区,然后开展一次面上考察,验证修改你的初步分区"。我说,可以试试。

我毕业后未从事大地构造研究,对大地构造最新研究进展了解不多,不得不查看相关文献,终于找到了一篇非常有用的文章——张国伟等的《中国华南大陆构造与问题》。该文不但解释了隔挡式和隔槽式两种褶皱带的形成机理,文中的"雪峰山陆内变形构造系统"附图,还标出了"八面山隔挡式褶皱带(川渝)"和"鄂渝湘黔隔槽式褶皱带"(渝黔)的大致范围。根据这篇文章和其他相关的地质地貌文献资料,我初步划分了西南喀斯特槽谷区的地貌分区:川渝隔挡式褶皱带区,渝黔隔槽式褶皱带区,黄陵复背斜区和大巴山紧密褶皱带区(图 48)。2016 年 10 月,我们开展了路线考察,大家一致认为分区符合实际,简单明了。考察途中,王世杰说:"我认真看了张国伟的文章,好好恶补了一下大地构造。"。11 月项目开题认证会上,课题组汇报了分区方案,反响很好。

大巴山紧密褶皱带 黄陵复背斜

长 江

川渝隔挡式褶皱带

黔渝隔槽式褶皱带

图48 西南喀斯特槽谷区地貌分区图

106．石漠化治理不能撒胡椒面

2008 年制定的《岩溶地区石漠化综合治理规划大纲》确定的我国南方石漠化县 451 个,其中严重县 169 个。首批列入 2008—2010 年石漠化综合治理工程试点县 100 个,第二批试点县扩大到 200 个,2013 年,治理范围将覆盖到所有 451 个县。据了解,不同治理县的治理经费差别不大。黄土高原将水土流失最严重的晋陕蒙接壤的多沙粗沙区列为重点治理区,为什么西南喀斯特地区不将石漠化最严重的黔桂滇接壤的峰丛洼地区列为重点治理区?

我认为石漠化治理是撒胡椒面,重点不突出的主要原因是治理的首要目标不明确。黄土高原水土流失治理的首要目标是减少入黄泥沙,确保黄河下游安澜,因此将水土流失最严重的晋陕蒙接壤的多沙粗沙区列为重点治理区,检验治理成效的硬指标是黄河输沙量的变化。西南石漠化的首要目标是什么:增加植被覆盖?

保护耕地资源？减少水土流失？增加农民收入？《规划大纲》治理
目标的可实际操作检查的硬指标是植被覆盖率，但将植被覆盖率
作为治理效果的硬指标难以得到社会各界的认同。发改委牵头的
西南石漠化综合治理项目没有抓住西南石漠化地区社会、经济和
环境发展的主要矛盾，是石漠化治理撒胡椒面、重点不突出的主要
原因。我认为人地关系是主要矛盾，关键是穷，"越垦越穷，越穷越
垦"。将人均收入最低的贫困山区列为重点治理区，打破"越垦越
穷，越穷越垦"石漠化日趋严重的恶性循环，石漠化治理可望取得
突破性进展，为解决西南喀斯特山区难以脱贫的问题做出重要
贡献。

　　我认为应扭转石漠化治理的国家项目撒胡椒面、重点不突出
的倾向，将黔桂滇接壤的峰丛洼地区列为重点治理区，社会、经济
和项目（治理）措施相结合，打一场以脱贫为中心的石漠化治理攻
坚战。对喀斯特山区的土地石质化是不可逆的、石质化土地是不
可治理的等问题要有清醒的认识，峰丛洼地区石山面积比例高，人
口容量低，要重视生态移民，减轻土地压力。

107. 西南喀斯特地区石漠化逆转的驱动力

　　2015 年，刘丛强院士主持的中国科学院学部咨询评议项目
"'十三五'石漠化治理与区域发展的咨询建议"获批。立项的初
意是"通过全面总结 10 年石漠化治理成果，科学审视石漠化治理
问题"，为发改委制定"十三五"石漠化治理规划提供咨询意见。
王世杰是项目的实际操盘手，他请我参加这个项目，协助起草咨询
报告。我看了申请书后，认为石漠化发展趋势的变化不仅与石漠
化治理项目及其他生态环境治理项目有关，更与社会经济发展休
戚相关，因此咨询报告不要拘泥于"十三五"石漠化治理规划，应该
站在更高的层面剖析石漠化发展趋势变化的原因，在此基础上提

出高层次的咨询意见。

2015年8月,院士考察团实地考察了贵州安顺市和黔西南等地的石漠化治理工程,听取了贵州省发改委、林业、水利、国土厅局和两市州石漠化治理和相关社会经济发展工作的汇报。根据考察期间的所见所闻和收集的文献资料,我在起草院士咨询报告的同时,撰写了《贵州石漠化治理历程、成效、存在问题与对策建议》一文,刊于《中国岩溶》2016年3期。该文参照故事87"中华人民共和国成立以来黄土高原水土流失治理的变化",对20世纪50年代以来的贵州石漠化治理进行了阶段划分,阐明了不同阶段的治理目标、措施和成效的变化,分析了变化发生的社会经济发展,管理体制变化和科学技术进步的背景。贵州石漠化治理初步划分为4个阶段:石山治理阶段(20世纪50~80年代中期),石漠化非专项治理阶段Ⅰ(20世纪80年代中期—1998年),石漠化非专项治理阶段Ⅱ(1999—2008年)和石漠化专项治理阶段(2008年至今)。

1986—2000年期间,贵州石漠化加剧的趋势已有所抑制,扭转了明清以来石漠化一直呈加剧的趋势。2000—2005年期间,石漠化面积开始有所减少;之后,一直呈加速减少的趋势。通过与该区社会经济发展对比,我认为2000年以来贵州石漠化发生逆转,2005年后且有加速的趋势的驱动力主要有二:①大量农民外出务工。据贵州省第二次农业普查,2006年末贵州省农村劳动力资源总量为1 619.79万人,外出务工人员441.74万人,占27.27%,是1996年的3.66倍。据统计,2011年,贵州外出务工人员达750万,2012年接近800万。按年人均6 000元计,每年劳务收入达340亿元。以每年500万人长期在外打工计算,每年可减少1/7的省内粮食和其他农产品消费,大大减轻了土地的承载压力。农民外出务工的劳务收入带回家乡,除置房盖屋,用于日常生活消费外,部分还用于发展生产和石漠化治理。外出务工农民回乡,不仅带回了资金,还带回了发达地区先进的技术和管理经验,反哺了家乡的经济发展。②生态环境治理力度加大。1998 年长江洪水灾害后,国家实施了"天然林资源保护","退耕还林"等项目,力度很大。贵州的天然林资源保护工程,截至 2014 年,累计投资 31.47 亿元,其中中央投资 29.59 亿元;退耕还林工程,截至 2012 年,累计投资 180.8 亿元,其中中央投资 175.1 亿元。2008 年启动的石漠化综合治理工程,2008 年至 2010 年,累计投资 13.5 亿元,其中中央投入 12.1 亿元。

108. 黔西北威宁麻窝山岩溶盆地 沉积物断代的质疑

　　黔西北麻窝山岩溶盆地沉积剖面的上部为黄棕色堆积土壤层,下部为灰白色为主的湖沼相沉积。贵州大学吴攀先生在 973 项目"西南喀斯特山地石漠化与适应性生态系统调控"2008 年长沙年会上的报告和他的学生谢良胜的两篇文章,认为上部的黄棕色堆积土壤层是"1980 年以后,当地居民大肆砍伐树木"坡地强烈水土流失的盆地对应沉积,据此得出"盆地近 29 年来平均沉积厚度 1.33 m,沉积速率4.6 cm/a,流域平均侵蚀模数为 2 900.55 t/km^2·a"的结论,与会的一些学者对这一结论有所怀疑。会后,中国科学院地化所王世杰研究员希望我前去采集沉积物剖面样,用 ^{137}Cs 断代法验证一下吴攀先生的研究结果。

　　2009 年 5 月,我们在盆地中部钻取了一个分层沉积剖面,"剖面中 ^{137}Cs 峰值活度 4.90 Bq/kg,位于深度 40 cm 处,深度 74 cm 以下土层,无 ^{137}Cs 检出"(图49a. DJ0),认为 1963 年以来的年均沉积速率为 0.44 cm/a,此值仅为谢值的 1/10,谢文推算出的流域平均侵蚀模数明显偏大(见《黔西北麻窝山岩溶盆地沉积物断代的质疑》)。吴攀先生对我们的质疑给予了回复,见《论黔西北麻窝山岩溶盆地土壤堆积记录——兼答张信宝先生》一文。该文给出了盆地四个沉积剖面的[137]Cs 深度发布，"4 个剖面中从地表到 222 cm 处的不同深度均不连续地测出[137]Cs"（图 49b），认为"流域土壤侵蚀导致盆地堆积土壤层序错乱，无法判断其中的[137]Cs 来源是原地沉降，还是来源于易地堆积，或是二者叠加；因此，该区不适宜用[137]Cs 活度对盆地堆积的土壤进行断代"。坚持"盆地水土流失加剧应该从土地家庭联产承包制（1980 年）开始的推断"。

吴攀先生和我们之间的争论，不仅事关麻窝山岩溶盆地近期沉积速率和流域侵蚀强度的确定，更涉及[137]Cs 示踪技术是否适用于黔西北地区甚至其他地区喀斯特洼地的沉积物断代，有必要予以澄清。2012 年 3 月，我们又前去麻窝山岩溶盆地详细了解了盆地的沉积环境和土地利用变化，采集了 5 个钻孔分层沉积物样品和渠道开挖暴露的一个湖相沉积剖面样品；年底撰写了《黔西北麻窝山岩溶盆地沉积的新资料》一文，给出了麻窝山岩溶盆地环境近期变化的调查结果和沉积剖面[137]Cs 深度分布的新资料，投稿《中国水土保持科学》，以此回复吴文。

麻窝山盆地环境和土地利用的近期变化，吴文的描述如下："……该地区的环境状况及其演变过程大致如下。20 世纪 70 年代以前，盆地处于湖沼环境，常年积水且水位较深，产鱼虾，仅北部有小部分土地用于耕种。""1970 年左右，当地生产队组织村民在盆地南部（吴家老包）利用 3 年时间打通一条高 2 m、宽 1 m、长约 900 m 的泄流洞将盆地内湖沼水排出，并在盆地内开始耕种……。"

我们的调查结果是：1958 年前盆地内全为农田，没有湖泊。由于修路、砍伐森林等原因，导致水土流失加剧，河沟泥沙剧增，1958 年落水洞阻塞，麻窝山岩溶盆地下部低洼地段积水成湖，1968 年开始修建泄流洞，1973 年打通，湖泊消失，复为农田。调查时，群众告

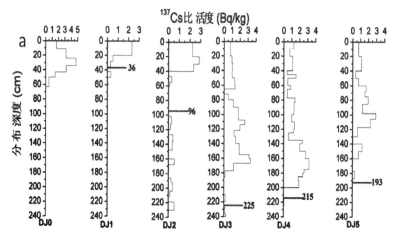

（注：▬▬▬ 黄棕色土壤堆积层与下伏灰白色湖沼相沉积层之间的界面）

盆地沉积物的 ^{137}Cs 深度分布

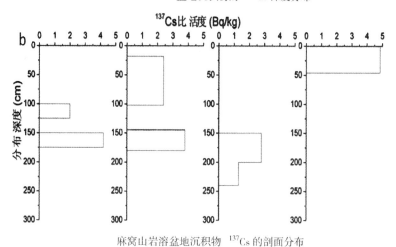

麻窝山岩溶盆地沉积物 ^{137}Cs 的剖面分布

图49 麻窝山岩溶盆地沉积物^{137}Cs深度分布

a. 张信宝钻孔；b. 吴攀钻孔

诉我们当时湖泊内产鱼虾,还有船;他们把我们带到正在开挖的渠道旁,将开挖剖面中的泥沙层指给我们看,说这就是当年的湖泊沉积物(照片33)。群众还向我们指出被湖泊淹没的1958年卫星田的位置。1956年航摄的1:5万的迤那地形图中(G-48-28-D)的麻窝山盆地未有水域标出,也是1958年前麻窝山盆地不存在湖泊的有力佐证。

照片33　麻窝盆地1958—1973年短期湖泊沉积物层理

吴文4个孔(图49b)和我们6个孔(图49a)的盆地沉积物^{137}Cs深度分布空间格局基本一致;其差异主要是:吴文的盆地下部3个孔,除剖面中下部部分层位含^{137}Cs,^{137}Cs含量多高于2 Bq/kg,其他大部分层位不含^{137}Cs。我们的盆地下部3个孔,除剖面中下部个别层位不含^{137}Cs,其他大部分层位含^{137}Cs,且活度多低于2 Bq/kg。我也发现,我们的剖面中一半以上样品的^{137}Cs活度低于2 Bq/kg;吴文的剖面,除一个样品略低于2 Bq/kg外,其余的均大于

2 Bq/kg。吴文的样品在地化所实验室测试^{137}Cs 活度。我和地化所的同志一起查阅了吴文的样品测试原始记录,找到了原因。地化所 γ 能谱仪的样品测重为 50g 左右,成都山地所 γ 能谱仪的样品测重是 250 g 左右,地化所 γ 能谱仪的检测限值低于成都山地所,不适用于测定^{137}Cs活度低于 2 Bq/kg 的样品。

　　论文投稿前,我将文稿用 email 发给吴攀先生,征求他的意见。当时我在贵阳,吴攀先生到地化所和我面谈,同意论文发表,但也坦陈了论文发表对他的压力。

109. 保水剂用于退化白云岩坡地的植被恢复

　　西南喀斯特地区退化白云岩坡地分布广泛,土壤为片状分布的黑色石灰土,厚度往往不足 10cm。由于土层浅薄,缺水缺肥,植物根系又扎不深,退化白云岩坡地为草坡,人工造林只能营造浅根性的柏树,而且多为"小老头"树。2013 年春节前,我和白晓永去贵州铜仁市印江土家族苗族自治县检查石漠化治理的路池工程后,县发改局的叶局长将我们带到他老家的一个白云岩草坡。他说,"这个草坡几十年就这个样,你们科学家能不能想想办法让它长树"。我向他解释了白云岩坡地只能长草的原因,说现在还没有找到解决问题的办法。

　　我不是植被恢复的专家,以前也没有多想白云岩坡地造林的事,既然有人问起,我也不得不想,可能是我见多识广,终于想出了保水剂+挖坑种树的办法。根系扎不深好办,可以采用华南花岗岩坡地挖竹节沟的办法。挖坑可以增加土壤容量,但回填的白云岩碎屑土持水性差,入渗速率高,解决不了缺水的问题。我想起了我帮助四川大学的一个年轻同志修改青年基金申请书的事,他原来的题目是"保水剂防治元谋干热河谷水土流失的研究",我建议他将题目改为"利用保水剂解决川中丘陵区季节性干旱的研究"。

他接受了我的建议,基金也获得了批准。贵州"天无三日晴",降水不少,施用保水剂可以提高白云岩碎屑土的持水性,降低入渗速率。挖坑+保水剂的办法有可能解决退化白云岩坡地造林的难题。

我把我的想法和地化所王世杰和贵州大学周运超老师一谈,他们都非常支持我的想法。首先开展基础研究,做盆栽试验,然后再进行田间试验。2013年春在地化所普定喀斯特生态站布设了盆栽试验。2013年的盆栽试验表明,保水剂保水效果良好,土壤水分状况明显改善,但无明显保肥效果。2014年,又增加了活性炭,解决了肥料淋溶流失问题,试验效果很好。"保水剂+活性炭"土壤改良技术研究,已列入中国科学院《贵州喀斯特区生态服务提升与民生改善研究示范》项目(STS项目)的研究内容,2015年,将开展田间试验。

普定站是我选的址,我给该站的题词是:"岩土水气生,溶出喀斯特山川秀美;东南西北中,汇聚全世界科学精英"。

110. 喀斯特坡地的"路池果禽肥"模式

电视、报刊等媒体时有果园林下养鸡的宣传报道。果园散养鸡是生态鸡,运动多,食料杂,蛋肉品质好;鸡啄食虫草,清除果园害虫、杂草,总之,好处多多。2011年,科学院碳专项的贵州铜仁市印江县路沟池试验工程选点考察时,我在郎溪镇看到颇具规模的桃园林下养鸡。据了解,当年才开始养,有几百只鸡。第二年,我又去了郎溪镇,林下养鸡不见了。我详细询问了当地农户"林下养鸡"不见的原因。他们说,果园林下不能规模养鸡,还讲了道理:①鸡在果园内走动,鸡的脚蹼压迫地面,几只鸡没有事,鸡多了,大量的鸡长期走动压迫地面、板结土壤,不利于果树生长;② 鸡不但啃光地面的草被,还喜欢啄开桃树根附近的土壤,寻觅昆虫和啃食树、草根,树根裸露,影响果树生长;③鸡多了,排泄物气味难闻,影响蜜蜂等昆虫飞来授粉。

2014 年,我突然发现普定高速公路两旁的荒山坡上,出现了许多散布的红顶小绿屋。询问得知,普定县新近引进了"绿壳蛋鸡"项目,小房子是绿壳蛋鸡的鸡舍(别墅式鸡舍,照片 34),一个鸡舍 50 只鸡,除散放觅食外,还补充绿壳蛋鸡专用饲料。绿壳蛋是生态蛋,价格高。我隐约感到荒山分散养鸡可能有前途,可以利用大面积喀斯特荒山自然降解鸡的排泄物,解决我国养殖业发展面临的环境污染难题,鸡粪也是果树的好肥料,是一种绿色生态模式。而且,分散舍饲还可避免印江果园集中养鸡出现的问题。我产生了将散养鸡与"路池果"结合,组合成"路池果禽肥"模式的想法。我和普定站副站长黎廷宇(挂职副县长)谈了我的看法和想实地看看这些山坡上的"别墅式鸡舍"。他很支持,请了县畜牧局的局长陪同我考察了这些鸡舍。非常令人失望,绝大部分鸡舍是空的。个别有鸡的鸡舍周围,草被鸡啃食殆尽,寸草不存,排泄物遍地,气味难闻。局长说,他认为这是一个不成功的项目。

照片 34 贵州普定山坡上的"别墅式鸡舍"

虽然普定的"绿壳蛋鸡"项目不成功,但"倒洗脚水不能把脚盆里的婴儿也倒掉"。鸡粪是果树的好肥料,果园土壤自然降解鸡的排泄物,科学上不错。问题出在没有试验成功,就盲目引进大规模推广。虽然普定的"别墅式鸡舍"是一个失败的项目,我仍建议普定生态站开展"路池果禽肥"模式的试验研究,针对散养出现的问题,果园养鸡只能舍养不能散养。研究要解决的关键科学问题是,在环境污染容量与果园需肥量之间找到平衡点,确定果园的鸡适宜承载量。

五、地貌演化

111. 黄土高原地貌区域分异与黄渤海海侵

陕北、晋西黄土丘陵梁峁区侵蚀强烈,侵蚀模数多大于5 000 t/km²·a,最高达 25 000 t/km²·a,梁峁地形、黄土粒度粗和夏季多暴雨是该区侵蚀强烈的主要原因。冰期时,我国东部海平面下降 100～150 m,海水东退到大陆架以下,海陆分布格局不变,因此黄土的粒度呈由西北向东南逐渐变细趋势,陕北、晋西丘陵梁峁区的黄土粒度粗。为什么该区夏季多暴雨? 我看华北地区降水量空间分布图时,注意到北纬 37°～39°的年降水量等值线明显向西凸出的现象(图 50)。我不是搞气象的,也不知道是什么原因。有一天看墙上的中国地图,偶然注意到渤海湾和黄土高原梁峁区同在 37°～39°纬度带上,产生了渤海缩短了海陆距离导致华北地区这一纬度带降水偏多的想法。我同北京地理所方光迪(南京大学气象系毕业,原在我所工作)谈了我的想法,他认为有道理,并开玩笑地说,"你和林彪一样,喜欢看地图,你是看地图看出来的"。

我是西安黄土室的客座,1995 年有一次到黄土室的图书馆看文献,拜读了国际第四纪研究联合会第 13 届大会论文集中杨子赓先生的一篇文章《中国东部第四纪时期的演变及其环境效应》,才知道受长江口—朝鲜半岛东南部一线的浙闽隆起带的阻挡,早中更新世海侵期海水未能大规模入侵黄渤海。我立刻联想到黄土高原早中更新世的午城、离石黄土产状基本水平,沉积连续,晚更新

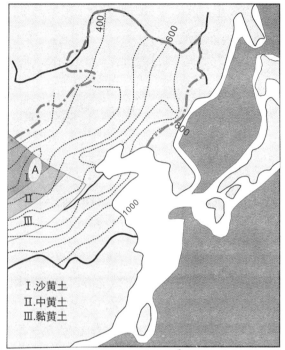

Ⅰ.沙黄土
Ⅱ.中黄土
Ⅲ.黏黄土

--------- 年降水量（mm）等值线　Ⓐ陕北、晋西黄土丘陵区
晚更新世古海岸线及古海洋

图50　中国东部年降水量等值线、古海岸线和马兰黄土粒度分布

世马兰黄土披肩状地盖在不同层位的地层上，产状往往倾斜，以及下伏地层呈不整合接触的现象（图51）；并产生了黄土高原东部梁峁区的梁峁地貌不仅是强烈侵蚀的条件，也是强烈侵蚀的产物，初步形成了黄土地貌是气候地貌，晚更新世以来黄渤海海侵是黄土高原地貌区域分异根本原因的观点。为了进一步弄懂黄渤海对华北气候的影响，我又"补了补"气象学的课，拜读了一些相关专著和文章。李崇银先生《冬季黑潮增暖对我国东部汛期降水影响的数值模拟研究》一文将黄渤海形成对华北气候的影响讲得很透彻，"黄渤海的形成，缩短了海陆距离，增强了东亚夏季风对华北气候

223

的影响。黑潮暖流进入黄渤海,加强了华北气候的湿润性质及夏雨过程"(图52)。

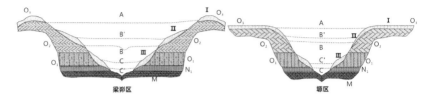

图51　黄土高原东部地区梁峁区、塬区沟谷地质地貌剖面

Ⅰ.头道梁(梁峁区),塬面(塬区);Ⅱ.二道梁(梁峁区),上台地(塬区);Ⅲ.三道梁(梁峁区),下台地(塬区);M:基岩;N:三趾马红土;Q1:午城黄土;Q2:离石黄土;Q3:A－马兰黄土第一强侵蚀期前地面线;B－第二强侵蚀期最低谷谷线;B′－下马兰黄土堆积地面线;C－第二强侵蚀期最低谷底线;C′－上马兰黄土堆积地面线

在黄土室的耳濡目染,我已非常熟悉表征第四纪以来冰期、间冰期季风气候变化的黄土、古土壤序列。晚更新世以来的黄土、古土壤序列和黄渤海的海退海侵序列和黄土高原黄土古土壤序列有很好的对应关系。几年的野外考察,我对黄土高原丘陵梁峁区的地貌结构也有比较深刻的认识,梁峁区地貌呈层状结构,从最高分水岭至谷缘线有三级地形面,分别为头道梁、二道梁和三道梁。无论在梁峁区还是在塬区,早中更新世的午城、离石黄土产状基本水平,沉积连续;晚更新世马兰黄土披肩状地盖在不同层位地层上,产状往往倾斜,与下伏地层呈不整合接触(图51)。

我和周杰撰写了《晚更新世以来黄渤海海侵与黄土高原地貌区域分异》一文,发表于1996年的《中国沙漠》,提出了"构造运动影响黄渤海海陆分布格局,海陆分布格局变化演化影响华北气候,气候变化影响黄土高原地貌"的观点。该文通过黄渤海海侵海退序列、黄土高原东部地区古土壤黄土序列和侵蚀堆积地貌序列的对比,得出的主要结论是:晚更新世以来,黄渤海盆地沉降速率较

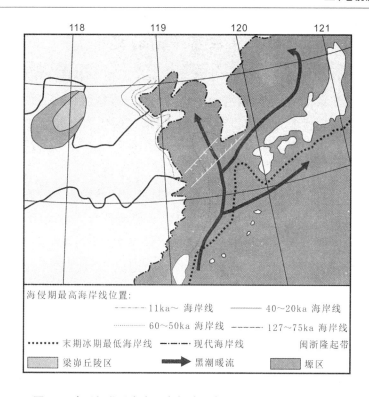

图52 晚更新世以来中国东部陆架海侵斯最陆高海岸线位置
沫次冰期最低海岸线位置和黑潮暖流流向

大,发生了三次大规模的海侵,黄渤海的出现加强了东亚夏季风和黑潮暖流对黄土高原东部地区气候的影响;东部地区晚更新世温湿期的气候较早中更新世为湿润,降水特别是汛期降水较多了,侵蚀强烈,与黄渤海三次大规模海侵相对应,东部地区晚更新世以来有三次强侵蚀期,中更新世末的统一黄土高原被侵蚀分异为梁峁区和塬区。东部地区的东北部陕北北部、晋西北一带,由于黄土粒度粗,抗蚀性差,侵蚀暴雨多,侵蚀最为强烈,形成了现今的梁峁地貌;南、西、西北部,由于黄土粒度细,抗蚀性较好,或侵蚀暴雨少,侵蚀相对微弱,形成现今的塬、残塬地貌。

112. 寒冻夷平面的提出

2003 年 5 月份,我结束了英国 Exeter 大学 3 个月的访问研究后回到北京,正好所领导带领一些同志在北京参加"中国科学院知识创新工程重要方向项目"的答辩,资源环境局的领导对我所"南水北调西线工程山地灾害防治技术及环境影响研究"项目的开题报告和准备的 PPT 汇报材料不太满意,希望我协助修改。评委们对修改后的汇报稿很满意,项目顺利通过。评委们看到我在会场,知道我指导修改了汇报稿,评语中建议聘请我为项目顾问。资源环境局建议项目给我安排一个课题(我当时已年过 55 岁,按规定一般不能主持中国科学院项目),给项目把把关,于是我承担了"工程与环境的相互影响"的课题。我邀请老所长吴积善和汪阳春参加了课题。

野外考察途中,我们在车上经常讨论看到的一些地貌现象,我和吴所长常常争得面红耳赤,汪阳春则旁边"观战",不时插上两句"助兴"。2004 年第二次考察,我们从青海共和盆地向西驱车到丘状起伏的青藏高原面上,我注意到车外丘坡上的冻融土流连续不断。冻融土流是青藏高原坡地上常见的一种地貌现象,多年冻土层以上的土层,随着季节的变化,处于或融或冻的状态。近地面的土层夏季融化,呈土流(earth flow)顺坡向下运移,堆积于坡麓,进入谷地。丘坡冻融土流的土体变形是滑动、流动和蠕动的复合运动的结果。

冻融土流和我在新西兰研究的湿热地区的土流,都发生在坡度平缓的坡地上。鬼使神差,我突然将土流坡地的坡度平缓和高原面的成因联系起来,冒出了青藏高原面是寒冻夷平面想法的火花,在车上和他们两位聊了起来。吴所长一般难得同意我的观点,这一次出乎我的意料,他感到有道理,认为这一观点将突破以流水侵蚀为动力学基础的传统夷平面形成理论,地貌学意义重大。我们立刻停车,下车观察路旁坡地的冻融土流,讨论冻融土流与寒冻夷平面的问题,取得了完全的共识。

回成都后,我拜读了有关青藏高原隆升、夷平面、冰川、"大冰盖"、自然垂直地带性的大量文献,形成了地貌垂直地带性的系统思想,草成《川西北高原地貌垂直地带性及山地灾害对南水北调西线工程的影响》一文,发表于2006年的《地理研究》。该文认为川西北高原地貌垂直地带性明显:流水地貌带海拔 < 3 800 m;冰缘地貌带为 3 800 ~ 4 200 m;冰川地貌带 > 4 200 m;相应的主导地貌过程分别是流水侵蚀、冻融侵蚀和冰川侵蚀(图53)。川西北高原是大面积构造隆升背景下冻融侵蚀形成的夷平地貌,花岗岩和石灰岩等结晶岩抗寒冻风化能力强,三叠系砂板岩,抗寒冻风化能力差,前者可以形成冰川发育的高山,后者为融冻地貌等发育的丘状起伏的高原面(图54)。该文的出版还费了一番周折,2005年投稿后,审稿人不同意地貌垂直地带性的观点,要求作重大修改。我知道是北京地理所老朋友审的稿,我到北京和他们理论:"你们承认不承认气候的垂直地带性和气候地貌?既然有气候的垂直地带性和气候地貌,为什么不承认地貌的垂直地带性"。他们理屈词穷,不得不同意地貌垂直地带性的观点。论文稍加修改后发表。

2005年,我在青海湖和北京大学地理系的长江学者周力平教授一起跑野外,我向他谈及了寒冻夷平面的观点,他认为我的观点非常有意义,鼓励我把文章写出来,还从北大图书馆复印了两本书 *The Origin of Mountains* 和 *Geomorphology and Global Tectonics* 送给我。2005年11月,西安黄土室(后改为地球环境研究所)20年所庆,我见到了刘东生先生,向他汇报了我有关寒冻夷平面的想法。他非常赞成,要我写一篇文章,春节前把初稿发给他。老先生的话,就是任务,我按时完成了任务,草成《地带性与非地带性夷平

227

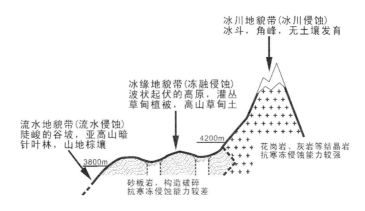

图 53　川西北高原地貌垂直分带

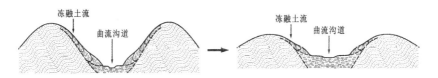

图 54　寒冻夷平面形成的冻融土流机制

面》一文。刘先生将我的初稿送到《第四纪研究》，该文于 2007 年刊出。《第四纪研究》编辑部的同志后来跟我说，这是"御批"的文章，我们不得不登。2008 年，我还在 *Journal of Mountain Science* 上发表了 *Planation Surfaces on the Tibet Plateau，China*。

113. 干旱夷平面的提出

　　我研究寒冻夷平面时，也在思考是否存在其他类型的气候夷平面。寒冻夷平面的植被景观是高山草甸，草甸是湿地草原，原是"宽广而平坦的地方"。除了湿地草原还有干旱草原，是不是也存在干旱气候形成的夷平面？汉语的"草原"表明我们的先人从北方干旱半干旱地区的植被与地形，已认识到草与原的关系。如同冰缘地带的草甸往往分布于冰川山地周围，干旱、半干旱的草原也往往分布在沙漠的周围,但干旱夷平面的动力学机制一直未能想出来。有一天,我到图书馆看书,看到王铮和丁金宏著的《理论地理学概论》一书,此书引用的"坡面的纵剖面形态特征"图(图55)解开了我的难题。Kirkby认为,"坡面发育过程以土溜和溅蚀为主的坡地剖面形态,呈上凸形;流水侵蚀为主的坡地剖面形态,呈下凹形"。土流和溅蚀机制形成的上凸形坡地,上部坡地平缓,土流机制对应寒冻夷平面,溅蚀机制对应干旱夷平面。我立刻构思出干旱夷平面形成的溅蚀动力学机制:地面起伏的草原,低凹处土壤水分条件较好,植被茂盛;高凸处土壤水分条件较差,植被稀疏。高凸处裸露的土壤,没有植被的保护,易于遭受雨滴的打击,溅蚀分散土壤颗粒,并将其溅散到低凹处。在地表径流不能将溅蚀产出的泥沙全部输移出高原面的情况下,起伏的地形逐渐被夷平为平坦的平原。我的学生齐永青帮我绘制了干旱夷平面形成机制示意图(图56)。

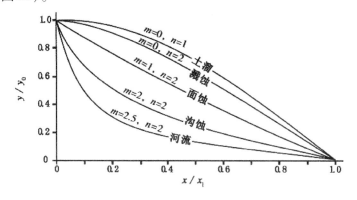

图55　坡面的剖面形态特征

世界上热带亚热带稀树草原干旱夷平面主要有亚洲印度的德干高原、非洲的东非高原、南美洲的巴西高原和圭亚那高原、大洋洲中西部的一些高原等。笔者认为,中国华南低山丘陵区的深厚

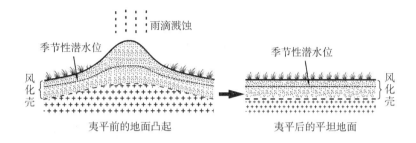

图56　干旱夷平面形成机制示意图

花岗岩风化壳,可能暗示华南第三纪曾发育有热带、亚热带稀树草原准平原。温带干旱、半干旱草原干旱夷平面主要有:亚洲的蒙古高原、内蒙古高原、伊朗高原、土耳其的安纳托利亚高原和中亚的一些高原与高地、非洲南部高原;北美洲的美国中西部的一些高原与高地;南美洲的巴塔哥利亚高原等。

　　植被稀疏的荒漠地区的干旱夷平过程,除了雨滴溅蚀外,还有风蚀的作用。总的来说,风蚀也趋向于夷平地面,但在地表组成物质主要为松散的沙质物质时,为了达到最小阻力,地表形态多呈波状。荒漠基岩裸露区多为较平坦的戈壁;河湖相沙物质出露区多为丘状起伏的沙漠。全球的主要沙漠、戈壁均有荒漠夷平面的分布。荒漠夷平面和干旱草原夷平面之间为逐渐过渡,两者往往很难区分。

114. 庐山第四纪冰川之否定

　　完成《地带性与非地带性夷平面》一文后不久,我又从地貌的垂直地带性联想到庐山第四纪冰川的争论。施雅风先生指出,"以庐山为代表的中国东部第四纪冰川问题,是我国地质、地理争议最大、认识最分歧的重大问题,有必要认真求得解决"。"庐山第四纪冰川"认识分歧的重要原因是侵蚀地貌形态和相应堆积物的多解性。李四光先生主要根据冰川侵蚀地貌和相应的堆积物,确定庐山第四纪冰川,但许多学者对《冰期之庐山》一文中的冰蚀地形,如冰斗、U形谷、悬谷、冰川擦痕等提出了异议。任美锷先生认为,庐山的侵蚀地貌同地质构造和岩性有密切的关系。许多学者认为,庐山山麓大面积分布的泥砾堆积,并非"大姑冰期的冰泛沉积",而是泥石流堆积。

按照地貌的垂直地带性假说,冰川地貌带的山地只分布有抗寒冻侵蚀能力强的坚硬岩层,无抗寒冻侵蚀能力差的软弱岩层分布。在冰川地貌带高程以下的冰缘地貌带和流水地貌带内,这两种岩层均有可能分布。庐山主峰汉阳峰海拔 1 474 m,出露岩层为前震旦纪流纹岩。流纹岩是火山岩,和花岗岩一样,也是抗寒冻侵蚀能力强的坚硬岩层。依据高寒山地岩石的分布规律,如庐山周边地区高程和庐山相近或更高山地有软弱岩层的分布,表明庐山未达到第四纪冰期时的冰川地貌带高程,也就是说,庐山未发育第四纪冰川;如没有软弱岩层的分布,则不能排除庐山第四纪冰川的存在。

我们单位没有我国东南地区的地质图,我 2008 年春节回老家镇江过春节,节后到母校南京大学地质系查看皖、浙、赣三省的地质图,寻找庐山周围海拔最高的软弱岩层。看了两天的地质图,终于在浙西天目山山脉的海拔 1 523 m 的千里岗山,发现分布有奥陶系和志留系软弱岩层,为海相碎屑岩和碳酸盐岩地槽相沉积。千里岗山出露岩层为志留系上统唐家坞(图57),为夹粉砂质泥岩的岩屑砂岩。此类岩层抗寒冻侵蚀能力差,只可能分布于冰缘地貌带和流水地貌带,不可能分布于冰川地貌带。依据高寒山地地貌垂直地带性和岩石分布规律,千里岗山没有达到冰川地貌带的高度,无第四纪冰川发育。浙西千里岗山和赣北庐山的海拔和纬度相近,相距不足 300 km,现代的基带气候无甚差异,均为亚热带季风气候。既然千里岗山不可能发育第四纪冰川,那么庐山也应无第四纪冰川发育。

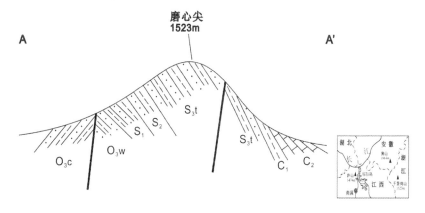

图57　浙西千里岗山地质剖面略图

115. 高地降温效应与构造－气候旋回

20世纪90年代,西安黄土室安芷生院士的周围有一个客座研究员群体,主要成员有吴锡浩、王苏民、董光荣、卢演俦和我等,我虽然不搞气候变化的研究,但也经常参加气候变化问题的讨论,从中学到了不少知识。我经常听到我的"大师兄"吴锡浩谈论构造－气候旋回,知道了是怎么回事。寒武纪以来的全球三次重大的气候变冷事件均对应重要的构造运动,如古生代冈瓦拉大陆冰川发育的奥陶纪、志留纪冷期和石炭纪、二叠纪冷期分别对应于加里东运动和海西运动,中生代以来的全球降温对应于喜马拉雅运动(图58)。美国Raddiman和Raymo提出的"化学风化说"是解释构造

－气候旋回机制的主流观点。他们认为,造山运动形成的隆升区侵蚀强烈,硅酸盐化学风化消耗大量的 CO_2,导致大气 CO_2 含量降低,大气层的温室效应功能减弱,全球气候变冷。这和 19 世纪工业革命以来大气 CO_2 浓度升高引起全球气候变暖的观点完全吻合。

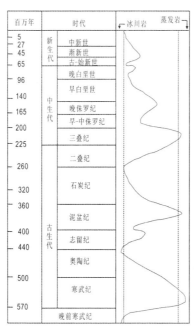

图 58　寒武纪以来蒸发岩和冰川的最大值

2006 年的一天,我在图书馆看到新近翻译出版的美国 Strahler 的《现代自然地理》,对书中的地球表面辐射平衡发生了兴趣。认真阅读后得知,太阳辐射能以短波形式穿过大气层进入地球表面,地面表面的热能以长波的形式穿过大气层,散发到宇宙中。大气 CO_2 浓度升高,对短波穿透能力的影响不大,对长波穿透能力的影响很大,这时我才弄懂大气 CO_2 浓度升高导致全球气候变暖的温室效应基本原理。我想大气层的厚薄也会影响地面热能以长波形式向宇宙散发,高原大气稀薄,利于地面热能向宇宙散发,气候寒冷,昼夜温差大。我将其与构造－气候旋回联系起来,形成了"高地降温机制"的观点:构造运动形成大气层稀薄的高大山系和高原,地球温室效应减弱,全球降温,气候变冷;构造运动停歇后,隆升的山系和高原逐渐被侵蚀为大气层浓厚的低山丘陵,全球温室效应增强,全球升温,气候变暖。

　　我撰写了《高地降温效应与构造－气候旋回》一文,发表于2007年的《山地学报》。文章的结语写道:"地球如同被玻璃(大气层)包裹的、接受太阳辐射的球体,这层玻璃易于太阳短波的透入,不易于地面长波的散出,起到了很好的保温作用。玻璃越厚,保温效果越好,地球表面的热能量水平越高,地面温度也越高;反之,地面温度越低。构造运动形成的高大山系和高原,大气层薄(玻璃薄),如同散热的'天窗',易于地面热能以长波的形式向宇宙散出,温室效应差。地球大面积高海拔山系和高原的出现,势必要引起全球降温,气候变冷;随着隆升的山系和高地逐渐被侵蚀为低地,地球表面变得平坦,全球大气层的温室效应增强,全球复又升温,气候变暖。青藏高原的形成,如同地球开了一个散热的'天窗',对新生代以来全球的持续降温做出了重要的贡献。"

116. 丹霞地貌的形成机制

　　由中山大学地理系主办的《2004年地貌与第四纪地质学术会议暨丹霞地貌研讨会》,在广东仁化丹霞山风景名胜区召开。"丹霞地貌"的名词起源于丹霞山,由二十世纪二三十年代已故地质学家、中国科学院院士冯景兰和陈国达先生命名,用以表征"以陡崖坡为特征的红层地貌",被称为中国的"国粹"。已有的研究认为,7 000 万~9 000万年前,丹霞山曾是一个巨大的内陆盆地,沉积了巨厚的晚白垩世红色河湖相沙砾岩地层,后来盆地发生了多次的间歇上升,在流水的侵蚀下,丹霞盆地的红层被割成一片片红色的山群,形成了如今美丽的丹霞山。

会议组织了一天的丹霞地貌野外考察,希望与会的地貌学家对丹霞地貌的成因进行讨论。丹霞山景区内,人行小道蜿蜒于红层陡崖下的溪涧,不时途经凹入岩壁的天然宽浅洞穴。这些洞穴凹入岩壁的深度最大可达10余米,部分较大的岩洞内放置有佛像或已成小寺庙。我在一个小寺庙休息时,注意到地面潮湿,洞内有水渗出。出于职业的敏感,我对渗水的来源进行了"考察"。陡立岩壁由巨厚的砂岩组成,岩层微微向外倾斜,倾角5°左右,渗水源于砂岩中的很薄的泥岩夹层(图59)。我认识到,丹霞地貌的形成可能与此有关,通过一天的思考和与同仁们的讨论,终于形成了比较系统的解释。晚白垩世红色沙砾岩是炎热干旱气候条件下的河湖相沉积,泥岩夹层的石膏和芒硝等易溶盐含量往往较高。泥岩夹层是不透水层,上覆巨厚砂岩中下渗的地下水被泥岩夹层阻断渗出,地下径流不但溶解了泥岩夹层中的盐分,还将泥岩中的黏土带出。在地下水的长期溶蚀过程中,泥岩夹层逐渐侵蚀流失,形成层状孔穴,孔穴顶板也不断剥落,孔穴不断扩大,成为洞穴。洞穴扩大到一定程度时,上覆巨厚砂岩失稳,导致崩塌发生。由于砂岩的抗剪强度高,能够维持高陡的边坡,形成高大、壮观的红色"赤壁"。中生代红色砂岩,时代较新,成岩程度较低,胶结物碳酸钙含量高,崩入沟涧的崩塌岩块易被流水冲蚀,不能在沟涧内长期保留,沟涧旁的倒石堆也不发育。高大的红色"赤壁"直抵沟涧,非常壮观。丹霞地貌是流水侵蚀、重力侵蚀和化学溶蚀叠加的产物,其形成的有利条件是:时代较新的红色砂砾岩地层,产状基本水平,河流下切强烈,以及湿润或比较湿润的气候。

考察后的讨论会上,我阐明了"丹霞地貌是流水侵蚀、重力侵

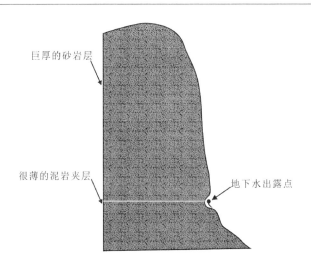

图 59　丹霞山红砂岩陡崖地质剖面略图(凹穴处有地下水出露)

蚀和化学溶蚀叠加的产物"的观点,李吉均院士总结时说,"我赞成张先生解释丹霞地貌形成机制的观点"。

117. 三峡水库消落带的地貌演化与植被重建

　　三峡水库夏季汛期以 145 m 防洪限制低水位运行,非汛期最高蓄水位 175 m,两岸海拔 145～175 m 坡地的生态环境将发生很大变化,出现库岸长 2 996 km、面积约 300 km² 的消落带。三峡工程论证时,一些领导和专家担心消落带陆生植被淹没死亡,汛期水库两岸将出现垂直高差 30 m 的裸岸带,影响水库景观,建议开展消落带植被重建的相关研究。中央有关部委、三峡总公司和重庆、湖北两省市均设立科研项目,组织专家开展消落带植被重建的研究。中国科学院也非常重视三峡水库消落带植被重建的研究,2006 年组织了以陈宜渝院士为首的专家组对三峡水库消落带的生态环境和植被重建问题进行了专题考察。2007 年,中国科学院成都山地所在重庆忠县石宝寨建立了"三峡库区忠县水土保持与环

236

境研究站"，消落带植被重建与生态恢复是其重要的研究方向，和中国科学院植物所等单位合作开展了消落带植被重建的试验研究。

我是中国科学院水利部成都山地灾害与环境研究所的所长科学顾问，受所领导委托，为忠县站做一些科研咨询工作，因此对有关三峡消落带植被重建的重大科研项目有所了解。这些项目均基于现有的坡地土壤条件重建植被，并期望通过重建的植物保护消落带坡地的土壤免遭侵蚀，从而形成稳定的消落带土壤－植被系统。我是地貌学家，自然要从消落带坡地地貌演化的角度出发，考虑消落带坡地土壤的变化。我参观过国内外不少大型水库，如黄河的龙羊峡、刘家峡水库，雅砻江的二滩水库，钱塘江的新安江水库，美国的丹佛水库和巴西的依坦普电站水库等。除水位变化很小的一些水库外，几乎所有水库的消落带都是裸坡，没有植被。这些水库历经水位多年的反复升降，消落带坡地的表层土壤流失殆尽，现为岩质或致密黏土坡地，植物难以生长。三峡水库干流消落带坡地土壤侵蚀殆尽是不以人们意志为转移的必然结果，利用植物来保护消落带坡地土壤的良好愿望是不可能实现的。我对现在开展的有关消落带生态修复的科研项目和规划治理工作没有重视水库蓄水后的地貌变化深感忧虑，草成《关于三峡水库消落带地貌变化之思考》一文，并在《水土保持通报》2009年第3期发表，以期引起学术界和有关方面对三峡水库蓄水后地貌变化的重视。

该文的主要观点是：三峡水库蓄水后的消落带坡地地貌变化可划分为侵蚀期、基岩裸露期和淤积填平期3个阶段（图60）。由于库水位大变幅周期性变化和强烈的波浪拍岸掏蚀，消落带坡地侵蚀强烈。通过侵蚀期的长期侵蚀，坡度大于淤积坡度的土质和"土＋石"复合型坡地上的松散堆积物，如同粘在骨头上的腐肉，在水力侵蚀和滑坡、崩塌等重力侵蚀的作用下被侵蚀殆尽，下伏基岩出露。"皮之不存，毛将焉附"。没有土壤的石质坡地，既不适合陆

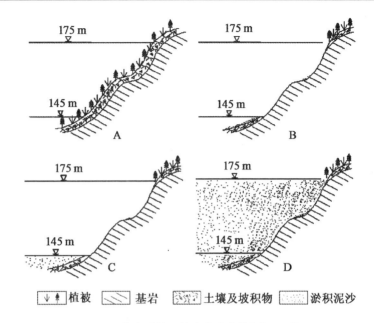

图例：↓植被　　基岩　　土壤及坡积物　　淤积泥沙

图60　蓄水后的三峡水库消落带"土+石"
复合型坡地地貌演化示意图

生植物,也不适合水生植物的生长。除非采取工程措施,否则,重建消落带植被的良好愿望是不可能实现的。

118. 三峡水库库岸地貌演化与地质灾害

　　地质灾害是三峡库区的重大生态环境问题之一。中央非常重视三峡库区的地质灾害问题,国土资源部牵头成立了三峡库区地质灾害防治工作领导小组,统筹三峡库区的地质灾害防治工作,2001年和2003年分别下拨巨额资金用于地质灾害的治理。对库区滑坡、崩塌等地质灾害防治工作的成效,仁者见仁,智者见智。主流观点认为,三峡库区地质灾害的防治工作卓有成效,库区蓄水后发生的滑坡、崩塌灾害基本在三峡工程可行性论证及设计阶段的预料和掌控中。以《三峡地质求治》一文所代表的非主流观点认为,"到目前为止,三峡地质灾害治理还没有全面完成,一些关键的治理工程仍在进行之中;部分已完成阶段性治理的工程,实际效果也并不能令人满意"。文章的结尾"毕竟,地质灾害的阴影,距离这个脆弱的地区并不遥远"表明,作者对三峡库区地质灾害的危害深感忧虑。

我以前从事过滑坡、泥石流等地质灾害的研究,不由自主地对三峡库区的地质灾害也有所关注,感到这两种观点都存在问题。非主流观点缺少专业知识,有"煽情"之嫌。主流观点过于圆滑,永远正确。我特别不满意的是,链子崖危岩体和黄蜡石滑坡等地质灾害对航运安全的威胁微乎其微,不知是科学认识问题,还是出于部门利益的考虑,投入巨资进行了治理。思量许久,我决定"多管闲事",撰写了《三峡水库库岸地质灾害之我见》一文,并在《水土保持通报》2010年第一期发表。该文从地貌演化的角度,分析了三峡水库库岸地质灾害活动的变化趋势,进而探讨了其危害特点,最后提出灾害防治的对策建议。该文的主要观点如下:

(1)水库蓄水后,库岸坡地稳定性降低。蓄水后地质灾害活动性的变化趋势可分为:加剧期、强烈期、减弱期和"准稳定态"期(图61)。

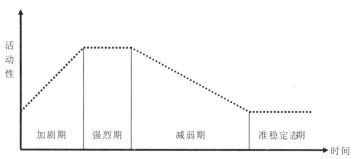

图61 三峡水库蓄水后的库岸地质灾害活动性变化趋势

(2)地质灾害的危害性不仅和灾害体的规模、位置和活动方式有关,还和受灾对象的重要性、受害方式和修复的难易有关。

(3)三峡库区的地质灾害应采取"因'物'制宜,避让为主,治理为辅"的防治方针。

119. 南方坡耕地的分布与地质地貌的区域差异

我国西南地区的坡耕地远多于华南地区(表14),西南四省市(云南、贵州、四川、重庆)的坡耕地占耕地总面积的比例均高于39%,其中云南的比例更高达67%;华南7省区的比例均低于27%,其中江西和湖南仅为11.3%和8.8%。我长期在西南地区工作,知道西南山区坡耕地多的原因。西南山区的坡地土壤多为中生代砂页岩风化而成的紫色土等母质土。母质土物理性状较好,矿质养分丰富,适合农作物生长,下伏砂页岩风化成土块,侵蚀后易于补充,因此坡耕地多。

1997年,我和老朋友北京地理所的景可研究员一起乘火车从南昌到信丰,参加在信丰召开的土壤学会水土保持专业委员会会议。火车上,我们两人都注意到铁路两侧的花岗岩丘陵山地多为"远看绿油油,近看水土流"次生马尾松林,基本无坡耕地分布。我们两人都没想到江西的坡耕地如此之少,也没有给出解释。直到2002年,我参加2002年海峡两岸三地环境资源与生态保育学术研讨会香港会议(本书故事72,华南花岗岩丘陵植被恢复)后,才意识到赣南坡耕地少,可能和花岗岩坡地风化壳土壤的特点有关。

在数百万年的风化过程中,花岗岩丘陵坡地形成了厚达数十米的风化壳,黏土化强烈,中上部风化壳的矿质元素淋溶流失殆尽。花岗岩坡地土壤的矿质养分主要赋存于土壤的A层和B层,未侵蚀的A、B、C层,保存完好的土壤矿质养分较为丰富,C层裸露的侵蚀劣地,土壤极为贫瘠。《土壤与植被系统》一书介绍,刚刚火烧开垦的热带雨林坡地,土壤肥沃,作物产量不错,但种植几年后,随着 A、B 层的流失,C 层暴露,土地迅速退化,产量急剧下降,不得不废弃。

2005 年,我有幸参加"长治"工程赣南地区的调研,对当地的土地利用状况和历史有了比较深入的了解,解开了我的"华南花岗岩丘陵山地坡耕地少"之谜。赣南地区的土地利用状况是"七山一水一分田,还有一分道路和庄园"。如 1997 年火车上所见,一分田分布于谷地内,七分山多为"远看绿油油,近看水土流"次生马尾松林,土壤贫瘠,C 层裸露。据调查,由于滥采滥伐和战乱的缘故,常绿阔叶林原生植被已破坏殆尽,部分坡地曾垦为农田,但种植几年后产量持续下降,不得不撂荒,逐渐自然恢复成次生马尾松林。由于坡地土壤黏、酸、瘦,不适宜种粮食,20 世纪 80 年代以来采用"猪沼果"的模式,挖大坑,增施肥料,改良土壤,种植脐橙获得成功,已成为我国著名的脐橙之乡。

根据地带性夷平面理论,第三纪时,我国西南和华南地区为统一的热带亚热带稀树草原干旱夷平面,受印度板块的挤压,我国地貌第一阶梯的青藏高原强烈隆升,东侧第二阶梯的西南山区也随之隆升,自然侵蚀较强烈,不易形成巨厚的风化壳,地带性土壤不发育,紫色土、石灰土等母质土分布广泛。华南地区位于地貌第三阶梯,地壳稳定,历经第三纪以来长期湿热条件下的风化,花岗岩等结晶岩丘陵坡地往往形成巨厚的红壤风化壳。坡地垦殖的结果是,A、B 层流失后,C 层裸露,土壤变得酸、黏、瘦,极为贫瘠,难以耕种,因此坡耕地少。

表 14　南方部分省区市的坡耕地/耕地面积比例

省区市	耕地面积(万亩)	坡耕地面积(万亩)	坡耕地面积/耕地面积(%)
浙江	2 092	351	16.8
福建	1 500	397.2	26.5

续表

省区市	耕地面积(万亩)	坡耕地面积(万亩)	坡耕地面积/耕地面积(%)
江西	3 171	358.8	11.3
湖南	8 602	756.9	8.8
广东	1 437.8	332.9	23.2
广西	4 680	1 002.7	21.4
海南	624	86.6	13.9
重庆	3 945	1 540.7	39.1
四川	8 888	4 256.4	47.9
贵州	10 342	4 168.9	40.3
云南	8 418	5 661.8	67.3

120. 康滇菱形板块与云南、川西的湖泊分布和金沙江东流

2002 年,我参加云南湖泊污染考察,经常看云南及毗邻地区的地图,注意到云南和川西的湖泊仅分布于"康滇菱形板块"内(图62)。该板块的西部边界是金沙江断裂和红河断裂,东部边界是鲜水河断裂、康定—西昌断裂、黑水河断裂、小江断裂和寻甸—弥勒断裂,东西断裂在滇南通海一带交汇,板块的南侧为哀牢山地轴。受印度板块的推挤,青藏板块向北向东推移。向东的推移受扬子板块阻挡转向西南,推挤东南侧的"康滇菱形板块"向南移动。板块内的湖泊有滇池、洱海、抚仙湖、程海、泸沽湖、杞麓湖、异龙湖、星云湖、阳宗海和邛海等,均在北纬28°以南,其中最北的湖泊是邛海和泸沽湖。北纬28°以北的板块内没有湖泊分布,地势高亢,分布有横断山山脉的最高峰海拔7 556 m 的贡嘎山等高山。

为什么湖泊分布于"康滇菱形板块"的南半部,而高山分布于

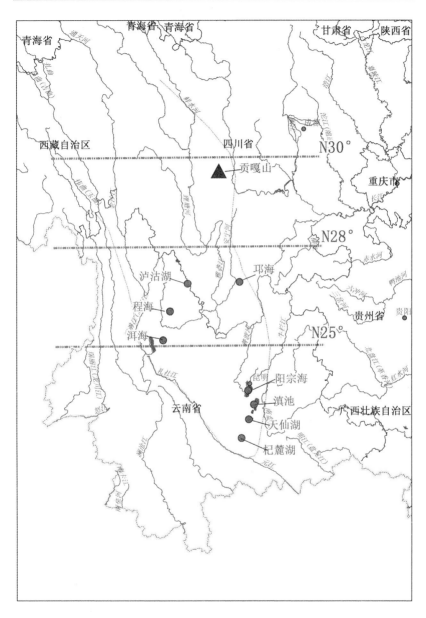

图 62　云南和川西的湖泊与康滇菱形板块

其北半部？我认为，这可能是"康滇菱形板块"向南推移，受哀牢山地轴阻挡，俯冲其下，板块南部多断陷盆地，形成众多湖泊；板块北部隆升，形成高山，不利于湖泊发育。

"康滇菱形板块"向南推移的受阻还形成板块内北纬26°度的东西向隆起，受此东西向隆起的影响，金沙江在云南石鼓附近折向东流。澜沧江和怒江位于"康滇菱形板块"之西，不受板块影响，依旧由北向南，流出境外。

121. 北盘江和坝陵河袭夺猜想

贵阳—昆明的高速公路高桥跨越珠江上游的北盘江及其东侧的支流坝陵河（打帮河）。北盘江大桥为长388 m的斜拉式高架公路桥，距离水面486 m，为中国第一高桥。坝陵河大桥全长2 237 m，主桥为1 088 m的钢桁架悬索桥，跨度属"国内第一，世界第六"，距离水面370 m。2011年之前，我数次乘车通过，注意到支流坝陵河的河谷远较主河北盘江宽的现象。坝陵河大桥桥头的简介说，大桥跨越了地球上的一条大裂谷，我在地质图上并没有发现坝陵河河谷有大断裂通过，因不从事河流地貌的专门研究，也没有深究。

地化所开展溶洞砾石的 ^{10}Be 和 ^{26}Al 核素复合测年的研究，2011年邀请我考察他们在乌江上游的取样点，协助测年资料的解译。考察中，我在乌江上游喀斯特地区发现多处河流袭夺现象，如六冲河东岸一条原由西向东流的支流，被南北向的河流袭夺南流。通过此次考察，我认识到喀斯特地区地下暗河发育，河流袭夺较非喀斯特地区容易发生，喀斯特地区的河流袭夺往往是地下河先被袭夺改变流向，然后改道后的地下河上覆岩层垮塌，形成新的地表河流。

自然而然，我也联想到北盘江和支流坝陵河之间可能发生过的河流袭夺现象。通过地图分析，我提出了原来坝陵河是北盘江的主河，北盘江是支流，后来支流袭夺了主河，北盘江成了主河，坝陵河成了支流,出现了支流河谷宽于主河的猜想。2012年初,我和我的学生白晓永经沿坝陵河修建的水黄(水城—黄果树)公路赴威宁取样,顺路观察了坝陵河的河流地貌,认为存在这种可能,袭夺可能发生在六枝的中寨一带(图63)。当然,我的猜想是否正确,需要后人的验证。

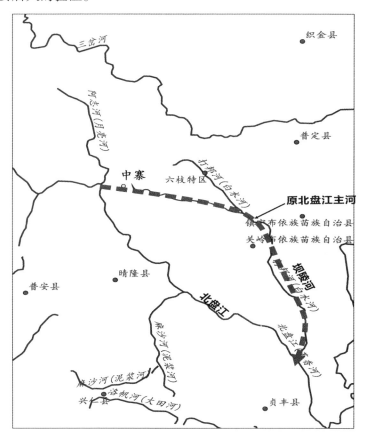

图63　北盘江的河流袭夺

122.黔西北威宁一带草海等小型湖泊的成因

　　草海位于黔西北威宁彝族回族苗族自治县,是一个岩溶盆地湖泊,经历过多次积水－缩小－干涸－再积水的演变过程。县志记载,"最近一次积水成湖是清道光二十七年(1847年),其时阴雨连绵,山洪暴发,挟沙带石,将草海消水洞堵塞而成,疏干时尚有被湖水淹过的清代墓碑。"2009年和2012年,我两次赴距草海约50km的麻窝山岩溶盆地采集沉积物钻孔样品(见故事108),注意到黔西北威宁一带类似的岩溶盆地不少,有的积水成湖,有的干涸,垦殖为良田遍布的坝子,如取样的麻窝山坝子(照片35)。黔西北威宁一带喀斯特峰丛地貌比较典型,李宗发的《贵州喀斯特地貌分区》一文中,将威宁一带划为《黔西北喀斯特峰丛亚区》。贵州、广西等地的其他峰丛洼地地貌区几无岩溶盆地湖泊分布,为什么仅分布于黔西北一带?

　　我注意到,不同于其他峰丛洼地区的丘陵坡地岩石裸露,上覆土层浅薄,不连续;威宁一带的喀斯特丘陵坡地岩石上覆的土层厚,可厚达50cm以上,分布连续。威宁一带喀斯特坡地的土层类似黄土,粒度以粉细沙为主,易于水土流失。由于土层较厚,水土流失严重,威宁坡改梯抓得紧,面积大,很有气魄,出了个副省长。严重水土流失产出的大量泥沙易于阻塞落水洞,导致岩溶洼地或盆地积水成湖。其他西南喀斯特峰丛洼地区的丘陵坡地土层浅薄,土壤侵蚀难以产出大量泥沙,阻塞落水洞,因此几无岩溶洼地或盆地湖泊。

　　我认为威宁一带喀斯特峰丛地貌较典型和丘陵坡地土层较厚,与黔西北位于西南季风气候区与东亚季风气候区的交错带有关。间冰期时,昆明准静止锋西移,该区属东亚季风气候区,气候暖湿,形成丘状锋丛热带喀斯特地貌。冰期时,昆明准静止锋东

照片35　威宁麻窝山坝子

移,该区属西南季风气候区,气候干旱,以西的昭通—鲁甸湖泊干涸,湖底裸露起沙,强烈的西风将湖底起沙吹扬覆盖到威宁一带的喀斯特丘陵坡地上。

123. 黄果树瀑布与河流袭夺

2015年,中英合作关键带喀斯特水文项目立项,河海大学牵头,地化所和长沙亚热带农业生态所参加,项目主持人陈喜教授聘我为项目顾问,咨询一些与水文有关的地质地貌问题。普定后寨河是项目研究流域,该流域是乌江上游三岔河右岸的一条支流,流域面积73.4km²。2016年春,中英方双方项目专家到普定开展实地联合考察,商定项目实施方案,陈喜教授要我介绍研究流域的地质地貌情况,我制作了一个幻灯片演示文稿 *Karst Landform and Geology in the Study Area*。为了制作幻灯片演示文稿,我收集了普定和安顺的水文地质图,比例尺分别为1:8万和1:20万,结合实地考察,分析了普定一带地貌和水系发育与地质构造的关系。

　　近东西流向的后寨河横穿近南北走向的普定宽浅向斜,北侧是位于南北向向斜轴部的城关小河。两河河谷宽阔,连成一片,地表难以辨别分水岭,只能访问当地村民,了解分水岭部位落水洞的水流流向。河谷及两侧岗地红黄壤分布广泛。结合地下、地表水系分布的分析,后寨河原是城关小河的上游,袭夺流入三岔河。南京大学地理系的俞锦标老师,20世纪80年代对普定一带的喀斯特地貌开展过深入的研究。我拜读了他的著作《中国喀斯特发育规律典型研究——贵州普定南部地区喀斯特水资源评价及其开发利用》,书中写道,古波玉河流经后寨河、城关小河,汇入三岔河,并附有《波玉河水系袭夺演化》插图。他认为,随着乌江的下切,上游支流三岔河两侧支流溯源侵蚀强烈,古波玉河的上段袭夺入三岔河,为现今的波玉河,中段袭夺入三岔河为现今的后寨河,城关小河是古波玉河下段的残留。我后来又发现,后寨河与城关小河分水岭附近的穿洞(古人类遗址)是古波玉河的地下河遗迹。2016年夏,河海大学的丁老师来普定开展后寨河水系发育与地质构造关系的研究。20世纪80年代,他在俞锦标老师的带领下,开展过普定一带喀斯特地貌与水文的研究。我同他谈了我的认识,他说"你对波玉河水系袭夺演化的认识同俞锦标老师,在古波玉河谷地黄红壤分布和穿洞(古人类遗址)是古波玉河地下河遗迹的认识方面比以前有所深入"。

　　黄果树瀑布位于北盘江左岸支流白水河上,丁旗河是白水河的支流,在瀑布上方汇入。为了增大黄果树瀑布的景观流量,丁旗河的丁旗水库经常晚上蓄水,白天放水。丁旗河位于波玉河的南面,两河的宽浅谷地连成一片,谷地内红黄壤广泛分布,分水岭也难以察觉。地质构造上,丁旗河流域位于南北向普定向斜的南端翘起部位,水文地质图显示两河谷地有地下河连通。显然,丁旗河是沿普定向斜轴部发育的、由南向北流的古波玉河的上游,被白水河袭夺,南流汇入黄果树瀑布。长期的河流地貌演化过程中,古波玉河上游被白水河袭夺南流为现今的丁旗河,中游被三岔河袭夺为现今的波玉河,下游上段被波玉河袭夺为现今的后寨河,下游下

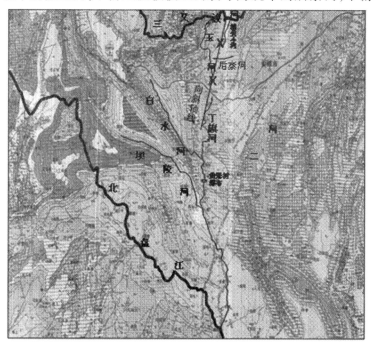

图64　普定向斜轴部的古波玉河的被袭夺分解及与黄果树瀑布关系示意图

段为现今残留的普定城关小河(图64)。白水河黄果树瀑布上游左岸的一些支流也是袭夺南流汇入白水河的。这些支流汇入白水河,增加了白水河流量,形成了水势浩大的黄果树瀑布。黄果树瀑布附近的北盘江两岸,瀑布并不鲜见,由于水量小,气势无法与黄果树瀑布媲美。我同普定县岩溶办的陈波副主任谈了丁旗河袭夺的观点,他完全同意,说"我们以前搞岩溶调查时,就已经注意到丁旗河与波玉河地下河连通的现象"。黄果树瀑布虽然名气很大,但有关成因的文献不多,重要的有1982年地理学报的《黄果树瀑布

成因初探》。该文认为该瀑布属岩溶侵蚀裂点型,用岩溶河流下切的经典理论解释了瀑布的成因,但没有提及河流袭夺增加流量对黄果树瀑布的贡献。

黄果树瀑布上游丁旗河袭夺发现后,我又探究了黔中高原地区北盘江水系袭夺乌江水系的原因。黄果树瀑布所在的镇宁布依族苗族自治县北盘江最低海拔高程 832 m,安顺三岔河最低海拔高程 1075 m,以相同的高原面高程 1 400 m 计,北盘江相对高差 325 m,三岔河 568 m。水往低处流,显而易见,北盘江水系易于袭夺乌江水系。岭谷相对高程大,河谷深切,可能是北盘江黔中高原段峡谷、陡崖、瀑布等深切地貌景观多(马岭河峡谷,花江大峡谷、二十四道拐等),和安顺的瀑布(黄果树、滴水潭、陡坡塘、银链坠潭等)均分布于北盘江流域的缘故吧。

124. 三峡何时贯通向东流

2012 年,地化所申请"贵州高原隆升的溶洞砾石 ^{10}Be 和 ^{26}Al 核素复合测年研究"的国家基金,请我提修改意见。我认为溶洞和河流发育密切相关,建议要重视乌江下游的研究。反馈的评审专家意见也有同样的建议。他们接受了我和评审专家的意见,决定将野外取样工作的重点转移到乌江下游。2012 年秋,王世杰的博士研究生刘彧找我讨论野外取样工作,我说,支流的形成演化受主河控制,乌江的河流阶地和喀斯特溶洞的研究还要考虑长江三峡的贯通。

长江三峡未贯通前,三峡地区处在区域分水岭地带,川江西流,峡江东流。李吉均、杨达源和李长安等认为,三峡的贯通发生于 73 万~100 万年前;郑洪波根据南京方山玄武岩下伏沉积物含有来自金沙江的特征矿物认为,三峡早已贯通,长江 2 000 多万年以来一直东流。当时,我提出了三峡贯通前,长江经清江流向中游的猜想,似乎可以解决这两种观点的矛盾。2012 年底,我陪同刘彧考察重庆附近的长江和嘉陵江阶地,采集 ^{10}Be/^{26}Al 核素复合测年的阶地砾石样品。西南大学地理学院副院长谢世友教授接待了我们。我和他聊起了三峡贯通的问题,他说 *Geomorphology* 主编最近来访,主编说世界所有大河的演化问题都已解决,唯独长江的演化问题没有解决。我同谢谈了"清江"的猜想,他感到有一定道理。中国地质大学(武汉)的李长安和赖忠平教授是我的朋友,他们对我提出的"三峡贯通前,长江经清江流向中游"的看法很感兴趣。2014 年秋成都全国地理大会后,我们驱车开展了乌江—郁江—清江的地貌路线考察,以验证我的猜想。清江流域只有沉积岩,没有岩浆岩分布,我们没有在清江流域阶地砾石层和现代河床砾石中找到岩浆岩砾石,我的"长江曾经清江流向中游"猜想难以成立。

尽管"长江经清江流向中游"的猜想难以成立,但我始终想解开三峡何时贯通的谜。重庆附近阶地砾石层的测年结果出来后,我向王世杰提出,三峡出口宜昌一带分布有厚达百米的砾石层,建议开展宜昌砾石层的断代研究,他非常支持。2015 年春,我带刘彧和罗维均赴宜昌采集了砾石层的测年砾石样品。刘彧在英国格拉斯哥大学采用 ^{10}Be/^{26}Al 同位素法测定了砾石年龄,宜昌砾石层不整合面上的底部砾石层年龄 580 万年;中部砾石层年龄 80 万年(图 65),流域侵蚀速率出现高异常;顶部砾石层年龄 20 万年。英国格拉斯哥大学 Derek 和徐胜教授对三峡贯通和宜昌砾石层年龄数据很感兴趣,希望能实地考察。2016 年春,我和刘彧陪同他们实地考察了宜昌砾石层的取样点,进行了补充取样;之后,还进行了三峡一带的地貌考察;到川中丘陵区的四川内江长坝山,采集了丘陵顶面的砾石层样品。我注意到丘陵顶面的砾石层风化强烈,其中的花岗岩砾石已风化成"腐砾",只有硅质石英岩砾石未风化,下伏的红土高度泥质化,推测砾石层和下伏红土应可能是第三纪的产物。

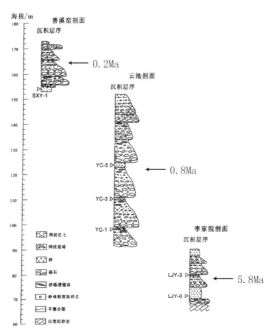

图 65 宜昌砾石层的^{10}Be/^{26}Al 断代初步结果(原图据李长安等的文献)

我初步认为,600 万年前,长江三峡已经贯通。岷江可能是当时的长江源头。宜昌砾石层 80 万年左右层位的高流域侵蚀速率可能表征金沙江东流汇入长江。中更新世金沙江的汇入,长江水量增大,三峡下切加剧,四川盆地内的诸多长江支流也随之下切,夷平面被切割成现今的方山地貌,河流仍继承了夷平期的曲流形态。

125. 宜昌砾石层冲积扇的下切与冰期海平面的下降

三峡出口处宜昌砾石层组成的冲积扇,面积数十平方千米,扇顶和长江水面相对高差近百米,砾石层上覆厚度 0 至数米不等的黄壤或网纹红土。2016 年 10 月西南喀斯特槽谷区路线考察路过宜昌时,我和刘彧向王世杰实地汇报了宜昌砾石层的取样情况,并查看了取样点。在查看宜昌砾石层顶部取样点时,他对零散分布的厚 1 m 左右的灰黄色细砂层(照片 36)产生了兴趣,问我细砂层的成因。我答道,这是冲积扇形成末期扇顶面上的局部湖沼相沉积。他进一步又问,宜昌砾石层冲积扇下切的原因。我知道他是不会相信"构造抬升或沉降"的普适性解释的,一时语焉。

照片 36　宜昌砾石层顶部的灰黄色细砂层

这时,我真是挖空心思,绞尽脑汁想找到解释,回答他的问题。我突然想到了老朋友南大地理系杨达源教授《长江地貌演化》书中,用冰期海平面下降,长江从河口向上溯源侵蚀,导致末次冰期时南京段河床高程仅为 - 60 m 的解释。是不是宜昌砾石层冲积扇的下切也与冰期时海平面下降,长江溯源侵蚀有关? 我向王提出了这一解释,他感到可能有道理,要刘彧采集细砂层的光释光测年样品。

126. 金沙江水系演化

除三峡贯通外,金沙江袭夺东流,也是地貌学界长期争论的重大科学问题。最著名的争论是"长江第一弯",金沙江在云南丽江石鼓附近由西北向东南流,突然转向东北流去。任美锷认为金沙江原向东南流入红河,后被袭夺流向东北;沈玉昌认为大拐弯非袭夺造成,是金沙江沿 X 型共轭断裂发育的结果。杨达源、明庆忠等还认为,除金沙江外,雅砻江、大渡河/安宁河、水洛河、龙川江、小江等支流也原向南流,后被袭夺东流。我长期在川西、云南一带从事与地貌演化相关的滑坡、泥石流研究,加之个人的兴趣,一直关注金沙江的水系演化,但没有形成系统的观点,仅认为金沙江东流与康滇菱形板块的中部横向隆起有关。

三峡出口宜昌砾石层的 $^{10}Be/^{26}Al$ 宇宙核素技术断代结果表明,600 万年前,长江三峡可能已经贯通。王世杰认为应该向上延伸,开展金沙江水系演化的研究,要我陪他跑一下金沙江。我一直未能解开金沙江水系演化之谜,又是我兴趣所在,当然乐意为他们带带路。2016 年 12 月,我陪王世杰、刘彧等跑了一趟金沙江,云南师范大学的史正涛教授、苏怀副教授也参加了我们的考察。路线如下:昆明—东川—宁南—西昌—攀枝花—元谋—大理—剑川—石鼓—香格里拉。考察途中,我们结合观察的地质地貌现象,对金沙江水系形成演化展开了热烈的讨论。考察后,我对金沙江水系的形成演化进行了比较系统的思考,认为"金沙江演化问题没有解决"的主要原因是:

(1)试图用稳定地台区河流形成演化理论解释金沙江水系的形成演化。世界上的几条大河,如密西西比河、尼罗河、亚马孙河等都是发育于长期稳定的地台区的河流,阶地砾石层连续稳定分布;而金沙江地处青藏高原东缘,新生代以来印度板块向北推挤西藏板块,后者又推挤康滇菱形断块向 SSE 方向滑移,无连续稳定的阶地砾石层。想通过阶地砾石层的对比解决金沙江是不是原来流向红河,后来被袭夺东流是不可能的。新生代以来,红河等大断裂两侧岩层可能相互错移了几百公里,现在的河流未必是几百万年前的河流。

(2)物源示踪中,锆石 Pb－U 同位素年龄谱结果的谨慎解译。如同[137]Cs 技术,锆石 Pb－U 同位素年龄技术也是一种好技术,但运用要谨慎。仅根据南京方山玄武岩下伏砂层的锆石 Pb－U 同位素年龄谱与现代长江河床沙的相近,就断言 2 000 万年前现在的长江就已经存在,并一直向东流,值得商榷。新生代岩浆岩不仅金沙江上游有,同属川西地槽的岷江上游等地也有。测定年龄谱的锆石粒度 >0. 25 mm,为推移质,该技术是否适用于湖泊众多的河流的泥沙来源,也值得商榷。

(3)部分核技术工作者的地质基础差,出现了一些基础地质的常识性错误。如一篇论文中提出,金沙江曾经通过南涧盆地流向红河的观点。我去看了文中的取样剖面,是泥石流阻塞形成的小型山间盆地湖沼相的含泥角砾层、砂层互层沉积,根本不是金沙江大河相的堰塞湖沉积。

(4)没有认识到喀斯特地区河流发育的特殊性。喀斯特地区的河流往往是地下河沿破碎带先发育,然后地下河上覆岩层垮塌,形成地上河,因此喀斯特地区的河流多为直线型,易发生袭夺。金沙江在石鼓附近从向南流转向 NNE 流,我推测与石鼓一带碳酸盐岩广泛分布,和 NNE 向的构造破碎带有关。

根据云南和四川的新生代地层分布,新构造运动,山川地貌格局,我初步形成了金沙江形成演化的框架:

(1)早第三纪兰坪—思茅坳陷期。云南西部近南北向的兰

坪—思茅海槽,表明当时存在汇入印度洋的水系。云龙组等地层
的巨厚的角砾岩和苍山以西广布的滑脱构造,表明早第三纪曾发
生过强烈的构造运动。这一时期,四川盆地西部为新津—蒲江盐
湖,沉积了巨厚的芒硝矿藏。早第三纪是行星季风气候,四川地台
为干旱夷平高原,三峡以西的川江水系汇入新津—蒲江盐湖(图
66)。

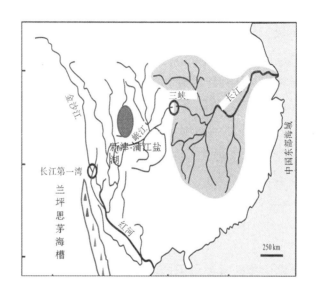

图66　长江上游早第三纪的思茅—兰坪海槽和新津—蒲江盐湖

(2)晚第三纪湖盆期。由于康滇菱形断块向南滑移受到哀牢
山地块的阻碍,向下插到地块下方,加之中－上新世气候转为温
凉,云南,川西发育有大量的湖泊,这些湖泊之间有河流联系。

(3)早更新世昔格达湖盆期。受哀牢山地块的阻碍,向南滑移
的康滇菱形断块内部发生挠曲,现金沙江南岸一带隆升,以北地区
形成湖盆,发育昔格达组湖相沉积。

(4)中更新世现代河流形成期。早更新世昔格达组沉积后,受

横断运动影响,川西、滇北地区强烈隆升,加之气候变得暖湿,现代金沙江水系形成,东流汇入川江。

我构思的金沙江水系演化框架很不成熟,之所以斗胆写出,是为了给后人留下一些思路,希望能对以后的相关研究有一些启发作用。

王世杰课题组 2016 年总结会上,刘彧汇报课题进展后,我谈了以上的认识,并指出金沙江流域新构造运动强烈,水系演化是"一锅粥",暂时不要碰它,建议先开展宜宾附近的川江、金沙江和岷江的阶地砾石层对比研究。2017 年 3 月,我和刘彧赴宜宾考察了这三条江的阶地,发现沈玉昌先生的《长江上游河流地貌》和杨达源先生的《长江河流地貌演化》两著作中有关宜宾附近阶地的介绍与实际存在较大偏差,宜宾幅水文地质报告(1∶20 万)的三级阶地划分比较符合实际。刘彧采集了砾石层的 $^{10}Be/^{26}Al$ 断代砾石样品。

127. 贡嘎山磨西台地的成因

磨西河是贡嘎山东麓大渡河的一级支流,其支流海螺沟汇口附近的河谷内,分布有一个长 10.7 km,宽 1~2 km,高达 120 m 左右的磨西台地,简称磨西面。磨西镇坐落于台面上,成都山地所的贡嘎山高山生态站的基地站就在磨西镇。台地由沙砾石,巨石块组成。前人对其成因多有讨论,认为是与贡嘎山冰川消融相关的冰碛、冰水沉积、冰川泥石流或冲洪沉积。我数次去贡嘎山,注意到磨西河南面的同为大渡河一级支流的田坝河,也发源于贡嘎山冰川,但大面积的高台地分布,因未在贡嘎山工作,没有深究。

2013 年国际原子能委员会(IAEA)筹划《评估极地和高山地区气候变化及对水土资源的影响》项目(Assessing the Impact of Climate Change and its Effects on Soil and Water Resources in Polar and Mountainous Regions,INT5153),在全世界选取 7 个 benchmark site。为了争取贡嘎山成为该项目的 benchmark site,贡嘎山站的罗辑陪同我赴贡嘎山收集申报书的相关素材。工作完成后,驱车回成都。离开磨西镇不久,便驶入沿大渡河修建的泸石公路(泸定—石棉)。快到得妥镇时,我突然发现远处大渡河左岸的一个采沙场,立刻联想到金沙江的金塘古滑坡堰塞湖沉积,马上驱车前往。果然,上百米厚纯净细砾粗砂层剖面清晰可见,局部夹中粗砾层,毫无疑问是大渡河古堰塞湖沉积。我又观察了周围的地形地貌,采沙场南面的得妥镇台地是古堰塞湖阶地,采沙场采的就是组成得妥镇台地砂砾层的砂砾。向北眺望,得妥镇台地以北,大渡河沿岸的台地不断,可以连续到磨西河内的台地,也自然联想到磨西面台地的成因。看来,磨西面台地是大渡河古滑坡堰塞湖溯源堆积的产物(图67)。同金沙江金塘古滑坡堰塞湖,滑坡发生于晚更新世末次冰期,决口于全新世间冰期。

图67　大渡河德妥古滑坡堰塞湖与磨西台地

258

回成都后,我查看了地质图。得妥以南的小岗山一带大渡河两岸为大面积花岗岩分布,但河谷底部有一狭长的中生代煤系地层条带,与花岗岩断层接触。河谷底部的煤系地层条带应是古滑坡的残留。2014 年,我陪同英国的地貌学家 Higitt 考察贡嘎山,从得妥台地一直追踪到磨西面台地,他完全认同磨西面台地是大渡河古滑坡堰塞湖溯源堆积的观点。

128.利用海螺沟冰川退缩迹地土壤、植被的演替反演气候变化

IAEA 的《评估极地和高山地区气候变化及对水土资源的影响》项目(INT5153)的一个重要研究内容,是反演全球极地和高山地区近几十年来的气候变化。其他 benchmark site 的末端都分布有终碛湖,可以钻取湖泊沉积物剖面"柱子",利用沉积物赋存的信息,反演近几十年来的气候变化。我告知项目组专家,贡嘎山的海螺沟冰川末端无终碛湖,不可能采用这一技术路线。专家们认为冰川末端应该发育有终碛湖,我用"大渡河古滑坡堰塞湖的溯源堆积填埋了终碛湖"的观点,向他们解释了海螺沟冰川末端无终碛湖分布的道理;并提出了"利用冰川退缩迹地土壤、植被的演替反演气候变化及对环境的影响"的技术路线,得到了专家们的认可。

这一技术路线的科学思路是:海螺沟冰川谷地是典型的 U 型谷,谷宽稳定,冰川的退缩速率与气温变化成正相关,因此可以根据冰川退缩速率的变化反演气温的变化。除 1930 年以来的冰川退缩的标记,还可以通过大气沉降的 ^{137}Cs 和 $^{210}Pb_{ex}$ 核尘埃的面积活度和树木年轮确定冰碛物的沉积年龄;再根据冰碛物的沉积年龄和冰川退缩长度,计算冰川退缩速率及其变化;土壤和植被的演替可以反映生态环境的变化。2016 年 5.22 ~ 6.2,INT5153 项目的来自 7 个国家的 7 位外国专家与我所 11 位研究人员和研究生赴

贡嘎山开展野外取样工作。在海螺沟谷地的冰碛台地上，样方法采集 9 个沉积泥沙的分层剖面样品（照片 37）。样方面积 50 cm × 50 cm，取样深度 10 cm，分层厚度 1 cm。在每个采样点附近，还钻取了树木年轮样品。

照片 37　样方法采集冰碛台地沉积泥沙分层剖面样品

2016 年 11 月在维也纳 IAEA 总部召开的 INT5153 项目工作会议上，大家对这一技术路线给予了高度评价，认为可以推广到其他无冰川湖的冰川地区，用以反演气候变化的研究。

129. 青海民和喇家遗址的古地震与古溃决洪水质疑

2015 年秋，中国地大（武汉）的赖忠平教授邀请我考察龙羊峡古堰塞湖沉积结束后，我们驱车沿黄河而下，路过民和官亭盆地时，他说对面是喇家古人类遗址，有古黄河溃决洪水和泥石流灾变之争。2016 年春，中国科学院地球环境研究所博士论文答辩时，见到西北大学黄春长教授，他向我提及喇家遗址，并认为是泥石流沉积。我说，"我去年路过，没有看，以后有机会去看看"。2016 年南

260

京师范大学吴庆龙教授等在 *Science* 上发表了 *Outburst flood at* 1920 *BCE supports historicity of China's Great Flood and the Xia dynasty* 一文,主要观点是:积石峡在大约公元前 1920 年曾发生地震,引发滑坡阻塞黄河,随后发生的巨大溃决洪水扫荡了地震之后的喇家遗址;并认为这可能是传说中的中国文明起源的大洪水的起源。2017 年 3 月,*Science* 发表了 3 篇评论,不同意吴文的观点。4 月,我接到吴教授的电话,告知要组织一次《积石峡史前大洪水与喇家遗址现场讨论会》,邀请我参加。我欣然接受邀请,参加了 4 月 25～28 日的现场讨论会。我们实地考察了积石峡峡谷段的古滑坡堵河坝址,上游循化盆地的堰塞湖沉积和下游官亭盆地的喇家遗址。

考察后,我认为黄河积石峡峡谷段史前时期发生过 N 次滑坡堵河,N 次溃决洪水毋庸置疑,但对喇家遗址的古地震与古溃决洪水沉积证据有所质疑:

(1)古地震证据及质疑。①地震液化喷砂。黄土陡崖现场观察到的充填有"黑砂"(含小砾石)的黄土裂缝,上宽下窄,向下逐渐尖灭(照片 38)。地震液化喷砂充填的裂缝不可能向下尖灭。而且,充沙裂缝旁边就有还没有充砂的裂缝。将今论古,显然是沙从地面的裂缝口向下充填到裂缝中的。博物馆(Ⅰ)内的 V 型和凹型沙坑是洪水泥沙在地面低洼处的沉积。②博物馆(Ⅱ)内起伏不平的古地面和古地裂缝,面积不足 1 000 m²。弧形的垂直古地裂缝内,地面为次级地裂缝分隔,起伏不平。该博物馆外有一条古冲沟,显然这是一个沟旁的小滑坡,地面起伏不平不是所谓的"地震面波"造成的。

(2)古溃决洪水沉积。博物馆(Ⅲ)探坑壁沉积剖面暴露清晰,高 4 m 左右的探坑壁的中下部是 4～5 个薄"黑沙"层＋浅灰色厚亚黏土层组成的正常河流沉积旋回;上部是黑色沙砾夹浅灰色

照片38 喇家遗址的"地震液化沙脉"

土块的砂砾层,吴等认为是黄河古溃决洪水沉积。上部黑色砂砾层的成因是判断喇家遗址是毁于支沟泥石流还是黄河古洪水的关键证据。征得遗址工作人员的同意,由我一人下坑抵近观察开挖剖面。黑色砂砾层中未磨圆的角砾、磨圆的砾石、大小不一的球状土块和"黑沙"混杂,角砾和砾石粒径多小于30 cm,我还在黑色砂砾层中发现了陶片。可以肯定,博物馆(Ⅲ)的黑色砂砾层是支沟泥石流沉积。南京大学杨达源教授现场问我:"遗址旁的吕家沟流域内出露的是第三系红层,为什么这套沉积物是黑色的"。我告知:"这是一条低频率泥石流沟,此类泥石流沟的固体物质主要由沟床沉积物提供,吕家沟现在沟床内广布的'黑色'砂砾就是最好的证据。"。杨教授同意我的解释。我初步认为,喇家遗址村落毁于山洪泥石流灾害,从博物馆(Ⅲ)的黑色砂砾层比较"干净"的特点分析,为稀性泥石流。泥石流主要在沟道内流动,伴随的洪水漫上了沟旁的台地,冲进了沟边和台地上的窑洞和房舍,造成了灾难。窑洞和房舍古地面上沉积的和陶器内充填的黑沙是洪水携带的推移质。

另,循化—贵德一带黄河流域广泛分布的第三系红层,岩性以红色泥岩为主,但夹有多层砂砾岩,砂砾岩中砾石和砂的组成多为深色变质岩,因此黄河和支沟洪水沉积物中砾石和砂的颜色都偏深,也就是说"黑沙"既可以是黄河洪水也可以是支沟山洪泥石流沉积。

六、央视《新闻调查》
"汶川:重建的选择"的来龙去脉

130. 致 CCTV 台长赵化勇先生的一封信

尊敬的赵化勇台长:

我不小心卷入汶川重建的漩涡。最近,我写了一份"张信宝自白"(见附件),简要陈述了汶川地震以来我的所作所为,以及接受央视《新闻调查》栏目记者××同志采访的过程,现寄给你,以便您了解真实情况。

8月27日,国务院常务会议通过了"汶川地震灾后恢复重建总体规划",汶川县城就地重建已尘埃落定。中央电视台2008年7月5日《新闻调查》栏目中"汶川:重建的选择"节目的"异地重建"导向,显然和中央的决策相悖,给当地政府的灾后恢复重建工作带来了严重的负面影响。我在节目中也被剪辑成一个不顾灾区人民死活、不实地调查研究的十恶不赦的学霸,网上被称为"史上最牛的专家",对我的名誉造成了不小的伤害。7月5日《新闻调查》的播出,引来了全国范围内关于汶川重建是否迁移异地的网上大讨论。我想,您一定会关注网友的评论,当然也了解评论的"峰回路转"。

中央电视台应认真总结该期《新闻调查》节目的经验教训,并做好善后工作。对此,我提出如下意见和要求:

(1)中央电视台应认真检查此次新闻调查节目的选题、采访、

剪辑和审批的全过程,特别是有无"利益集团收买电视媒体"的问题;

（2）中央电视台在舆论导向上一定要和党中央保持一致,做好党中央的喉舌;

（3）要重视提高记者的政治、思想和职业素质,对××同志要给予严肃的批评;

（4）我希望能得到未剪辑的采访我的全过程音像;

（5）记者本人或《新闻调查》栏目组,通过媒体采用适当的方式消除这期节目造成的不良社会影响,并对我本人名誉的伤害做出道歉。

望能尽快得到您的答复。

致礼

张信宝

2008.8.28

赵台长一直未予回复,此信及其附件"张信宝自白"2008 年 10 月 12 日在新语丝网站上公开,国内多个网站也随即转载。

131. 附件:张信宝自白

震后农村、乡镇和县城重建的思考与 CCTV《新闻调查》风波

7 月 5 日晚中央电视台的新闻调查节目"汶川:重建的选择"中,我被剪辑成一个不顾灾区人民死活、不实地调查研究的十恶不赦的学霸,网上被称为"史上最牛的专家"。《京华时报》更莫须有的说:"痛斥汶川异地重建是'逃跑的行为'的张信宝承认,他的判断主要是依靠卫星遥感地图"。××采访了我两个多小时,新闻调查播出的只有我当反面陪衬的几分钟。"欲加之罪,何患无辞",我这里引述山人先生的网帖"不能用写大字报的方式办 CCTV 的'新

闻调查'栏目"的最后两段话："问题在于选择什么事实,决定如何解释事实的权利,完全在主持人和尹教授一方。这样'事实'的意义就大打折扣了!"和"我们并不了解这个节目产生的过程和背景,但是这个节目开了一个恶劣的先例,就是利益集团收买电视媒体,煽动利用群众情绪,干扰国家正常科学决策过程。这一节目在作为中央喉舌的中央电视台一台播出,为节目制造了代表中央态度的色彩,这是更难容忍的。中央电视台应当向张信宝教授道歉,应当采取措施消除这一节目播出的恶劣影响。"来表示我的愤慨和要求。以下主要谈谈我对震后农村、乡镇和县城重建工作的思考,逐步形成的一些想法。

5月12日下午2:30,我登上了3:00北京—成都的飞机。登机后被告知,成都附近发生地震,飞机无法降落,我们被送到宾馆休息。我1967年南京大学地质系毕业后,一直在中国科学院水利部成都山地灾害与环境研究所工作,从事了40年的山地灾害和环境的研究。20世纪80年代,我在国外工作了三年,回国后侧重侵蚀泥沙和水土保持的研究。我参加过1973年四川炉霍地震和1974年云南昭通地震的滑坡、泥石流考察,1976云南龙陵—潞西地震时,我任大盈江泥石流队队长,率队在临近的盈江县浑水沟开展滑坡、泥石流观测工作。职业的使命感,使我一直在宾馆看电视,了解地震的动态,关注地震的直接灾害和崩塌、滑坡和泥石流等次生灾害的发展态势。当晚,我给邓伟所长发了短信:"如需要,回蓉后愿领命前赴灾区调查"。5月13日下午回到成都后,我发现所里许多年轻同志积极要求前赴灾区调查,认识到我已年过花甲,领导不可能安排我到第一线了。但电视中的灾情,揪动了我的心,国家和人民培养我40年,我应该用我长期积累的知识和经验为国家分忧,为灾区人民解难。我虽不能直接到灾区,但我对地震灾区的山地灾害和农村情况比较了解,可以针对灾后农村和乡镇的重建问题给国家提一些建议。5月18日，我提出了《关于四川汶川地震灾区山区农村灾后重建工作的建议》，全文如下。

　　四川汶川8级特大地震发生在龙门山区，受灾面积12.5万km²，涉及人口约2 000万，龙门山区山高沟深，地形陡峻，地质破碎，历史上发生过多次强烈地震，滑坡、泥石流等山地灾害严重。由于气候温暖湿润，土壤肥沃，适宜农作物生长，龙门山区能垦之地几皆垦之，土地垦殖率0.2～0.4，区内耕地以坡耕地为主，占总耕地面积的85%以上，其中坡度大于25°的陡坡耕地占坡耕地的一半。地震灾害发生前，山区群众的温饱问题基本解决，由于坡地农业劳动生产率低下和交通不便等原因，社会经济的进一步发展难度大，边远山区是新农村建设的难点地区。同时，龙门山地处岷江等长江重要支流的上游，历史时期以来垦殖过度，森林大量砍伐，水土流失严重，是长江上游生态屏障建设的重点地区。

　　根据遥感影像资料和灾害报道，我们估计此次地震烈度7度以上的灾害严重区面积4万余km²，均为山区，人口超过500余万人，农村人口占85%以上。山区农村的地震灾害既有地震造成的直接灾害，也有地震引起的崩塌、滑坡和泥石流等次生灾害。由于交通不便，边远山区农村的救灾极为困难，人员财产损失严重。边远山区农村的灾后重建工作难度也很大，即使投入巨资进行重建，由于自然条件的限制，社会经济发展难以达到小康水平，社会管理成本很高，而且滑坡、泥石流危害还要持续相当长的一段时间。鉴于汶川地震灾害山区是新农村建设的难点地区和长江上游生态屏障建设的重点地区，中国科学院成都山地所研究人员建议将烈度7度以上灾害山区的灾后重建工作与新农村建设和长江上游生态屏障建设结合起来，统筹考虑，重新规划山区新农村的建设。具体建议如下：

　　（1）以摩托车半小时能够到达通乡及以上等级公路的距离为

准(15 km 左右,主要考虑上学、就医),将地震灾害山区分为灾后重建区和地震移民区,采取不同的灾后重建对策。

(2)通乡及以上等级公路两边的灾后重建区,按新农村建设的标准,重建村寨,加强道路、学校、交通、通讯、农田水利和电力等基础设施的建设。

(3)远离通乡及以上等级公路的地震移民区,国家一般不补助村寨的就地重建,不重建道路、学校、交通、通讯、农田水利和电力等基础设施;尽量组织动员群众地震移民到当地通乡及以上等级公路沿线区域,如当地人口容量有限,考虑异地移民。

(4)地震移民政策和经费可参考三峡库区移民政策,政府负责移民安置,移民将土地使用权交还政府。以移民费每人 5 万元,移民 150 万人计,需经费 750 亿元,国家可收回土地使用权约 1 万 km²。地震移民区收回的土地全面退耕,先行自然修复恢复植被,今后主要发展林业,可考虑建成为用材林或造纸林基地。

(5)烈度 6~7 度灾害山区的灾后重建工作,可根据情况参照执行。

(6)尽快开展“四川汶川地震灾区山区农村灾后重建”的调研,制定政策;政策一旦确定,各地迅速进行规划,组织实施。

我知道地震是自然灾害,移民政策和经费不同于水库淹没移民,为了给灾区的群众多争取一点利益,我提出了参考三峡库区移民政策的建议。

5 月 25 日,我又提出了“关于汶川地震灾后山区乡镇重建工作的建议”,全文如下:

四川汶川 8.0 级特大地震发生在龙门山区,受灾面积 12.5 万 km²,涉及人口 2 000 余万人。根据遥感影像资料和灾害报道的初步分析,此次地震烈度 7 度以上的灾害严重区面积约 4 万 km²,人口超过 400 万人,农村人口占 85% 以上。龙门山区山高沟深,地形陡峻,地质破碎,地震引发了大规模的崩塌、滑坡和泥石流活动,次生山地灾害严重。许多山区的村寨、乡镇,甚至县城的建筑物在地震发生时或地震后遭受了这些次生山地灾害的破坏,建筑物被拉裂、掩埋或摧毁。随着主震后持续 1~2 个月余震的淡出,地震将不再造成直接危害,但伴随地震后山体边坡的调整,崩塌、滑坡、泥石流和山洪等次生山地灾害将要持续几年甚至几十年。

山区乡镇是历史时期以来形成的山区农村政治、经济和公共社会服务中心,震前的乡镇居民点的空间布局基本合理。现有乡镇空间布局应保持基本不变,除交通非常不便和人口过少的个别边远山区乡镇外,地震灾区的绝大部分乡镇居民点均应恢复重建,成为管辖区域的灾后重建和新农村建设的中枢和依托。地震是地震区必然会发生和难以避免的面状灾害,强烈地震的周期一般几十年以上一次。由于地震发生的难以预测,提高建筑物抗震能力是国内外居民点也是灾区乡镇减少建筑物地震直接破坏的主要措施。滑坡、泥石流和山洪等点、线状山地灾害是灾后相当长一段时期内威胁山区乡镇的主要山地自然灾害,选择安全地段建设乡镇完全可以避免此类灾害的危害。基于以上认识,中国科学院成都山地所科研人员对汶川地震山区乡镇的灾后重建提出如下建议:

(1)现有山区乡镇居民点的空间布局基本不变,就地恢复重建还是选址新建,主要考虑滑坡、泥石流和山洪等山地灾害的危害。根据地震部门公布的地震等级,规划修建建筑物,适当提高学校和医院等公共建筑物的抗震等级。

(2)专业机构和当地干群相结合,尽快开展地震山区现有乡镇和拟选新址的山地灾害危险性评价工作,为灾后乡镇重建提供坚实的科学基础。

(3)除考虑社会经济的发展外,山区乡镇重建的轻重缓急还要考虑山地灾害的危险性,先建无山地灾害危险的乡镇;对有可能遭受危害的乡镇,先建简易建筑,缓建标准较高的建筑,并加强灾害的监测和预警,观测几年后再确定是否修建高标准建筑。

(4)考虑到震后山区的滑坡泥石流等山地灾害的持续活动,地震山区高等级干线公路的修建难度大,通乡公路雨季很可能时断时续,乡镇的灾后社会经济发展要充分考虑公路交通条件。

这两篇建议,均已提交到国家汶川地震抗震救灾指挥部"建言献策"专栏,国家发改委网站挂有这两篇建议。

经研究所推荐,我被聘为四川省汶川地震灾后重建规划专家指导组专家,参加了青川、汶川和北川三个县城的重建选址考察。

我对岷江干旱河谷比较了解,2008年4月12日还陪同清华大学的王兆印教授和中国科学院北京地理所的许炯心、师长兴研究员及学生近20人进行了沿江考察,途经紫坪铺水库、漩口、映秀、汶川县城,最远到理县的桃坪羌寨,一路上向他们介绍了河谷的地质地貌、气候、植被、滑坡、泥石流和水土流失的情况。在汶川县城的选址考察中,我发现现场情况和《建设部专家组强烈请求紧急疏散汶川县城及周边山区乡镇受灾群众异地转移安置的建议报告》和6月16日《京华时报》《汶川县城将异地重建专家称环境已不适宜人居》一文反映的情况出入较大。6月22日回蓉后,我给国家汶川地震抗震救灾指挥部提交了《关于〈专家组强烈请求紧急疏散异地转移安置汶川县城及部分理县、茂县山区乡镇受灾群众的建议〉的报告》。该建言献策的全文如下。

国家汶川地震抗震救灾指挥部:

我拜读了6月16日《京华时报》《汶川县城将异地重建专家称环境已不适宜人居》一文。此文是根据住房和城乡建设部抗震救灾规划专家组驻阿坝州组长、清华大学建筑学院副院长尹稚教授执笔起草的报告撰写,文章的两个要点如下:①汶川县城已不具备适宜人居的环境,应考虑异地重建;②至少5万群众受到震后次生山地灾害严重威胁,应该迅速转移到汶川与都江堰接壤的平原地带。我最近去了一趟汶川,昨天刚回到成都,根据实地调查的情况,对以上的"两个要点"有如下不同的看法。

(1)汶川县城异地重建问题。龙门山区是灾害环境区,过去发生过、未来也肯定会发生强烈地震和滑坡、泥石流等山地灾害。我们的祖先没有放弃,我们也不应该放弃这片土地,而应该运用现代科学知识更好地和灾害环境和谐相处。就居民点而言,应选择受灾害威胁较小的安全岛。尽管滑坡、泥石流等山地灾害分布广泛,灾害严重,大部分地震灾区还是可以找到安全岛用于布设县城和村镇。汶川县城有2 000多年的历史,是我们的祖先用生命和鲜血找到的安全岛,不应轻言放弃。就地震地质条件而言,汶川县城位于一级阶地,县城东侧的姜维城台地是二级基座阶地,十分稳定,将活动性断层和县城隔开;县城西侧山坡的老滑坡,地震前是稳定的,"5·12"大地震没有引起该老滑坡的整体复活,仅产生了一些局部浅层地表变形;县城南部时代广场背后的崩塌,地震前就已存在,"5·12"地震后活动有所加剧。除时代广场一带的新城区外,汶川县城的大部分城区是安全的。当然,南沟泥石流和一些不稳定边坡要加强监测和进行治理。"5·12"地震后,由于崩塌裸岩面积扩大,干旱河谷的风沙问题比较突出,但随着震后坡地的稳定和植被的自然恢复,风沙危害会逐渐减缓的。

(2)5万人的紧急转移问题。不可否认,震后部分村寨和乡镇受到滑坡、泥石流等山地灾害的严重威胁,应该紧急转移。但我看到一些安全和基本安全的村寨,也紧急转移了,当地乡村干部说,"专家说很危险,不适合人居,要我们紧急转移"。如这样的村寨也不安全,中国山区至少1/3的村寨需要搬迁。当地政府已认识到5万人紧急转移到岷江河谷带来的生活、生产、卫生和社会稳定等问题,并正在加以解决。我认为个别受滑坡、泥石流、山洪等灾害威胁严重的村寨紧急转移是应该的,但大规模的紧急转移是没有必要的,要认真对待可能产生的后续问题。

鉴于媒体披露政府委派的专家发表不成熟意见带来的问题,我建议:

(1)科学家要自律,要考虑到你发表看法的社会效果,更不应该对自己不熟悉的领域,发表一些冲动的、有感情色彩的看法。

(2)各级政府和行政部门应告知委派的专家,未经授权或许可,不得擅自对媒体发表个人意见。